横琴粤澳深度合作区
桩基工程质量保障技术与管理指引

批准部门：横琴粤澳深度合作区城市规划和建设局
施行日期：2024 年 6 月 1 日

中国建筑工业出版社

2024 北 京

图书在版编目（CIP）数据

横琴粤澳深度合作区桩基工程质量保障技术与管理指引 / 横琴粤澳深度合作区城市规划和建设局发布 . 北京：中国建筑工业出版社，2024. 10. -- ISBN 978-7-112-30528-5

Ⅰ. TU473.1

中国国家版本馆 CIP 数据核字第 2024YM7442 号

责任编辑：聂伟
责任校对：张颖

横琴粤澳深度合作区
桩基工程质量保障技术与管理指引
横琴粤澳深度合作区城市规划和建设局　发布

*

中国建筑工业出版社出版、发行（北京海淀三里河路 9 号）
各地新华书店、建筑书店经销
北京建筑工业印刷有限公司制版
建工社（河北）印刷有限公司印刷

*

开本：850 毫米×1168 毫米　1/32　印张：$2^3/_4$　字数：74 千字
2024 年 10 月第一版　　2024 年 10 月第一次印刷
定价：**38. 00** 元

ISBN 978-7-112-30528-5
（43815）

如有内容及印装质量问题，请与本社读者服务中心联系
电话：（010）58337283　QQ：2885381756
（地址：北京海淀三里河路 9 号中国建筑工业出版社 604 室　邮政编码：100037）

横琴粤澳深度合作区城市规划和建设局文件

粤澳深合城规建〔2024〕52号

横琴粤澳深度合作区城市规划和建设局
关于发布《横琴粤澳深度合作区桩基工程
质量保障技术与管理指引》的通知

各相关单位：

我局组织编制的《横琴粤澳深度合作区桩基工程质量保障技术与管理指引》已通过专家评审，现予以发布，其作为国家和地方现行规范和标准的补充，自2024年6月1日起在横琴粤澳深度合作区实施。

本指引由我局负责管理和解释。

横琴粤澳深度合作区城市规划和建设局

2024年4月7日

前　　言

本指引由横琴粤澳深度合作区（以下简称“横琴合作区”）城市规划和建设局会同广东省建筑科学研究院集团股份有限公司、珠海市建设工程质量监测站和澳门土木工程实验室等单位编制而成。横琴合作区（前身为珠海市横琴新区）开发十多年来，取得巨大的建设成就，获得多项土木工程詹天佑奖和鲁班奖等国家级优质工程奖，但与此同时也发生了多起桩基工程质量事故，造成了较大的经济损失和不良的社会影响。本指引总结了横琴合作区桩基工程（也有部分典型案例引自相邻的珠海地区）的成功经验和失败教训，针对横琴合作区的地质特点，从桩基工程的勘察、设计、施工及检测等重点环节予以指导。同时，为了逐步实现横琴合作区“建立衔接澳门的监管标准和规范制度”“促进琴澳标准体系融合发展”的总体发展规划，本指引还借鉴和吸收了澳门相关标准和做法。

本指引的主要内容有：基本规定，混凝土灌注桩，预应力混凝土管桩，附录 A 横琴合作区地质地貌概况，附录 B 横琴合作区地基岩土层名称，附录 C 横琴合作区桩基工程质量事故典型案例。

本指引作为国家和地方现行规范和标准的补充，不求内容全面，但求针对性强，旨在能够有效治理横琴合作区当前突出的桩基工程质量病害；本指引未尽事宜，应遵照国家和地方现行规范和标准的有关规定执行。

由于横琴合作区地质情况复杂以及编制组人员水平有限，本指引难免存在不足之处。因此，有关单位在使用过程中，应注意总结经验、积累资料，随时将有关意见和建议反馈给横琴合作区城市规划和建设局工程质量安全和消防管理处（通信地址：广东省珠海市横琴港澳大道868号横琴粤澳深度合作区市民服务中心1号楼东副楼1楼，电子邮箱：cslpy@hengqin.gov.cn），以便修订时参考。

编制单位：横琴粤澳深度合作区城市规划和建设局
广东省建筑科学研究院集团股份有限公司
珠海市建设工程质量监测站
澳门土木工程实验室

业务指导：张国基（Cheong Kok Kei） 李志平 杨泽文 康纯杰

主　　编：黄良机

副 主 编：王　伟 吕文龙 林奕禧 彭立才 区秉光

参编人员：李　明 陈　燃 李家钊 李利荣 陈土胜 戴思南 李冠泽 余小龙 朱芝华 李忠林 吕慎明 范　斌 刘沛雨 林军转 郑进华 梁俊民 朱祝君 吴建光 付　嘉 伍承彦 张文镇 李　浩 董礼雄 龚　辉 李超华 温振统 赖颖琛 唐　琳 沈　强 陈志勤

审查人员：徐天平 杨光华 蔡　健 钟显奇 陈　伟 黄俊光 朱宗明

目　次

1 基本规定

1.0.1 端承型灌注桩工程的地质勘察报告应提供中、微风化岩岩面等高线图。

1.0.2 端承型灌注桩施工前，应进行超前钻，超前钻钻孔数量和钻探深度应符合设计要求，当设计无明确要求时，应符合下列规定：

1 主楼部分应每桩不少于1孔，裙楼及地下室部分应每承台不少于1孔。

2 当桩径较大、场地存在破碎带等复杂地质条件或超前钻结果与详勘结果存在较大差异时，应适当增加钻探孔数。

3 钻探深度应进入桩底标高以下不小于3倍桩径且不小于5m，当桩端持力层有夹层时，应适当加大钻探深度。

1.0.3 对于地表层松软或存在深厚淤泥层的建设场地，施工前宜根据工程具体情况进行软基处理，并应符合下列要求：

1 表层土处理应考虑处理后的地基承载力满足施工机械正常工作及移位的要求；采用静压法沉桩工艺时，地基承载力特征值不宜小于120kPa。处理方法可为回填、换填或就地固化等。

2 较深层土处理应考虑处理后的土层在土方开挖过程中能有效减小对工程桩的不利影响。处理方法可为预压法等，处理深度宜结合土方开挖深度和软基处理工艺水平等因素综合确定。

【条文说明】

由于静压桩机履靴接地压强较大，当表层土松软时，容易发生陷机并挤土，导致周边已施工的工程桩和既有市政基础设施受损。本条要求地基承载力特征值不宜小于120kPa，与目前主流厂家的静压桩机短船型履靴允许接地压强相匹配。

在软土场地开挖土方过程中，大规模基桩倾斜或折断的严重质量事故屡有发生，这已成为预应力混凝土管桩工程主要病害之一，如图1所示。通过分析这一病害的治理过程可以发现，强调采用科学合理的开挖方法固然重要，但由于各种主客观原因，其效果总难以如愿；但如换一思路，从源头入手，在施工前采用预压等方法对地基预先进行处理，改善开挖作业的地质条件，减小土的侧向滑移，则可获得显著效果。本地区的工程实践表明，在淤泥层厚超过20m的场地，采用预压法处理，如参数控制得当，产生的固结沉降量可达到或超过2m，处理深度范围内土的孔隙比可降低到小于1.5，土性可由淤泥改良为淤泥质土，此时再按现行规范分层均衡开挖，可显著减轻甚至消除“斜桩、断桩”的现象。另外，土质改善后，也有利于优化基坑支护设计方案，降低基坑支护工程造价；竣工后使用过程中，场地地面工后沉降大幅度减小，建筑物和市政基础设施的维护费用也将降低，全寿命周期的经济效益显著提高。有条件时，在土地一级开发阶段进行大面积成片处理，综合效益更高。

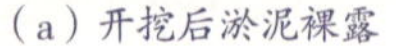

（a）开挖后淤泥裸露　　（b）开挖后淤泥未裸露

图1　土方开挖导致基桩倾斜或折断

1.0.4　当桩周土沉降可能引起桩侧负摩阻力时，设计应按下式验算基桩承载力：

$$N_k + Q_g^n \leq R_a \qquad (1.0.4)$$

式中 N_k——荷载效应标准组合作用下基桩桩顶竖向力；

Q_g^n——中性点以上基桩负摩阻力产生的下拉荷载；

R_a——基桩的竖向承载力特征值，只计中性点以下部分侧阻值及端阻值。

【条文说明】

因桩侧负摩阻力问题而导致建筑物损坏的事故时有发生。只要桩侧土相对于桩向下位移，桩反过来阻碍了桩侧土的沉降，就会有负摩阻力产生。本地区部分区域由于软土层较厚，多数场地经地表回填后在未经处理的情况下随即进行工程建设，深厚软土层漫长的固结过程将产生数以米计的地表沉降，并持续产生负摩阻力。

一般来说，对于摩擦型桩，当桩侧土相对桩身向下移动时，桩受负摩阻力的作用而产生沉降，伴随着桩的沉降，负摩阻力将减小，中性点随之上移，即负摩阻力、中性点与桩顶沉降处于动态平衡。因此，作为一种简化方法，可取假想中性点以上侧阻力为零，即按公式 $N_k \leq R_a$ 验算基桩承载力；这是现行主流规范推荐的摩擦型桩负摩阻力的验算方法。这一方法在理论上是成立的，一般情况下也是可行的，但必须指出的是，当地表沉降较大时，上述这种“你追我赶”的动态平衡，导致桩的沉降也很大，意味着桩已处于刺入破坏模式，这是建筑物正常使用状态下所不允许出现的。不管是摩擦型桩还是端承型桩，其作为建筑物基础，所允许的沉降量相对于深厚欠固结软土地表沉降来说，都是微不足道的。在横琴合作区产生负摩阻力的情形主要是由深厚软土固结沉降引起，其沉降量较大，因此，本指引对摩擦型桩和端承型桩不作区分，统一按端承型桩给出承载力验算公式。至于桩端持力层性质对负摩阻力的影响，可通过确定中性点的位置加以考虑。

桩在正常使用受力状态时，在负摩阻力作用下，桩身轴力最大值发生在中性点处，如图 2（a）所示；但在验收检测时，中性点以上部分是以正摩阻力的形式发挥作用的，如图 2（b）所示，桩身轴力最大值发生在桩顶。

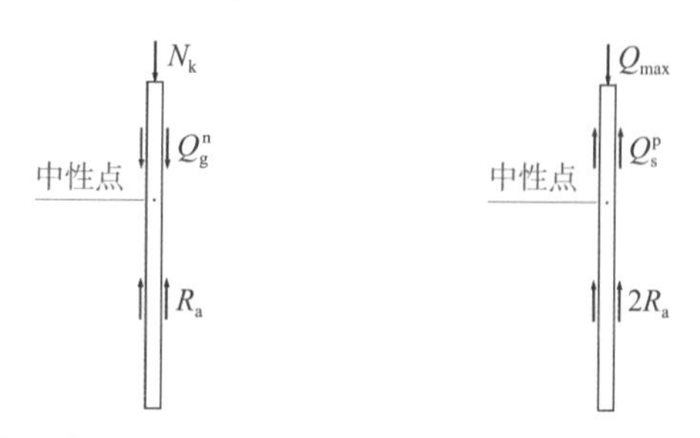

（a）正常使用受力状态　　（b）静载试验受力状态

图 2　负摩阻力表现形式示意图

因此，验收检测时，单桩竖向抗压静载试验的最大试验荷载 Q_{max} 可按下式取值：

$$Q_{max} = 2N_k + 2Q_g^n + Q_s^p \tag{1}$$

式中　Q_{max}——验收检测要求的单桩竖向抗压静载试验最大试验荷载；

Q_s^p——中性点以上基桩极限正侧阻值。

1.0.5　当基础埋深较大时，地基基础各工序的施工次序应根据具体工程的桩基础形式、基坑支护形式、地质条件等因素综合考虑，并应符合下列规定：

1　基坑底标高以下存在透水砂层时，灌注桩施工应在基坑开挖前进行。

2　工程桩采用预应力管桩且有支护桩（墙）时，宜先施工工程桩，后施工支护桩（墙），且应考虑施工对周边既有建（构）筑物的影响。

3　支护结构采用内支撑形式时，应符合下列规定：

1）桩基工程施工应在基坑开挖前进行；

2）桩基工程检测除预应力管桩低应变法应在基坑开挖后进行外，其余检测项目宜在基坑开挖前进行。

【条文说明】

当基坑底标高以下存在透水砂层时，灌注桩施工如在基坑开挖后进行，基坑外水位较高的地下水将有可能通过深层透水层与基坑内桩孔相连，致使桩孔周围土层水压高于孔内泥浆液压，造成塌孔。即便基坑支护方案中已设置止水帷幕并已穿越透水层，也常因帷幕局部失效而出现坑底桩基施工质量问题。

支护结构采用内支撑形式时，桩基工程除施工应在基坑开挖前完成外，静载试验、高应变法、钻芯法和声波透射法等基桩验收检测项目也宜在基坑开挖前进行，一是检测设备（如静载试验平台或高应变法锤击系统）的吊装需要较大的作业空间，基坑开挖后往往难以实施；二是如果检测结果不满足设计要求，需要进行处理或补桩时，因内支撑阻挡造成施工操作空间不足，灌注桩在坑内补桩还容易造成塌孔，导致处理或补桩方案不得不选用更为复杂的施工工艺，因而不但要付出高昂的经济代价，而且工期延误也动辄数月，有的甚至以年计。如××大厦项目，桩基工程采用直径1200mm、1400mm、2400mm、2600mm旋挖成孔灌注桩和冲孔灌注桩，共124根，有效桩长50～60m，四层地下室，基坑深度约18m；静载试验在基坑开挖前已完成，但基桩完整性检测则安排在基坑开挖到底后进行，声波透射法检测发现有11根Ⅳ类桩，15根Ⅲ类桩，经钻芯验证，并由设计复核后，决定针对部分不合格桩采用补桩处理；由于在坑底补桩成孔困难，故不得不采用成本高昂的全套管全回转钻进工艺；共补桩39根，桩径均为1500mm，补桩工程直接费用约1500万元，延误工期10个月。如上述不合格桩能在基坑开挖前发现并在基坑开挖前完成补桩，则可大大节省费用和时间。但是，对于预应力管桩工程，由于基坑开挖产生土体侧移将桩推断或挖土机械将桩碰断的现象时有发生，故其低应变法检测则应在基坑开挖到底后进行。

1.0.6 当检测在基坑开挖前进行时，应符合下列规定：

1 桩顶施工至地面、预留用于承载力检测的桩数不宜少于实际检测桩数的3倍，受检桩应具有代表性和检测可操作性。

2 静载试验最大试验荷载的确定或高应变法极限承载力的预估，应考虑检测时桩顶标高与桩顶设计标高之间桩侧土阻力的影响。

3 声测管和钻芯预埋管均宜全数预埋至管口标高且位于地面附近，且应有可靠的定位措施，并应符合下列规定：

1）在空桩段应采用与桩身钢筋笼连接的辅笼加以固定。辅笼的纵筋、螺旋箍筋及加劲箍直径宜与桩身钢筋笼一致，纵筋根数宜为桩身钢筋笼纵筋根数的1/3～1/2，螺旋箍筋间距不宜大于桩身钢筋笼箍筋间距的1.5倍，加劲箍间距宜与桩身钢筋笼加劲箍间距一致；

2）管材应固定在钢筋笼内侧，固定点间距不应大于2m，并在接头部位加设固定点；

3）钻芯预埋管与钢筋笼宜保持适当距离，当桩径大于等于1200mm时，径向净距离不宜小于200mm；

4）空桩段的桩孔应采用砂性填料填至地面。

【条文说明】

钻芯预埋管与钢筋笼宜保持适当距离，其目的在于避免钻芯时遇到钢筋而导致钻芯失败。桩径较大时，距离可大些，但尚应兼顾灌注混凝土时导管操作的便利性，不宜太靠近桩中心。

1.0.7 当桩长大于25m且单桩竖向抗压静载试验的*Q-s*曲线呈缓变形特征时，检测报告宜按广东省现行标准《建筑地基基础检测规范》DBJ/T 15-60的规定考虑桩身弹性压缩量后给出结论，设计对变形控制有特殊要求时依设计要求判定。

1.0.8 对于混凝土灌注桩，当同一根桩采用不同的完整性检测方法得出不同的结论时，应对该桩的完整性进行综合分析和评价，必要时可采用增加钻芯孔数或声波透射法精细化复测等方法进一步检测；未经分析论证时，不应笼统地以一种检测方法否定或取代另一种检测方法的结论。

【条文说明】

在灌注桩检测实践中，当同一根桩采用了声波透射法和钻芯法两种方法进行完整性检测时，有时会出现结论不一致的情况，此时该桩验收应以哪个结论为依据，常有争议。一种观点认为，声波透射法是间接法，存在误判的可能性，而钻芯法是直接法，可以根据芯样情况直接判断出质量状况，而且钻芯法往往是作为验证检测安排在声波透射法之后，所以验收应以钻芯法结论为依据；但另外一种观点认为，钻芯法存在一孔之见，即使是按规范钻取若干孔，也不能代表整桩的全断面情况，所以为安全起见，应以两种方法中最差的结论为依据进行验收。以上两种观点从各自立场出发，均有一定道理，但均失之偏颇。对此，本指引规定了应进行综合分析和评价，必要时应进一步采用声波透射法精细化复测的要求，现详细说明如下：

1 按现行规范布孔时，若干钻芯孔所覆盖的区域范围的面积仅占桩全断面面积的一小部分，未能统观全貌。

按现行相关规范规定，当钻芯孔为 2 个或 2 个以上时，开孔位置宜在距桩中心（0.15～0.25）d 内均匀对称布置，如图 3 所示。

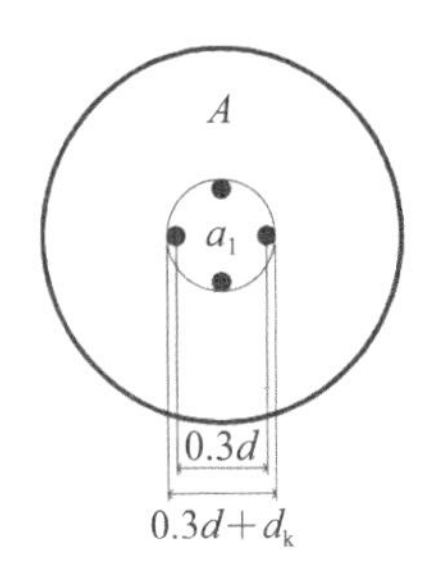

A

a_2

$0.5d$

$0.5d+d_k$

（a）开孔位置距桩中心 0.15d　　（b）开孔位置距桩中心 0.25d

图 3　钻芯孔及其所覆盖区域示意图

注：d 为桩径，d_k 为芯样直径。

现以 2000mm 桩径的桩为例，按上述规定开孔钻芯，以各孔芯样最外侧为边界画圆所形成区域的面积占受检桩全断面面积的比例计算如下：

$$\beta_1=\frac{a_1}{A}=\frac{\pi\left(\frac{0.3d+d_k}{2}\right)^2}{\pi\left(\frac{d}{2}\right)^2}=\left(\frac{0.3d+d_k}{d}\right)^2=\left(\frac{0.3\times 2+0.085}{2}\right)^2=0.117=11.7\% \quad (2)$$

$$\beta_2=\frac{a_2}{A}=\frac{\pi\left(\frac{0.5d+d_{\mathrm{k}}}{2}\right)^2}{\pi\left(\frac{d}{2}\right)^2}=\left(\frac{0.5d+d_{\mathrm{k}}}{d}\right)^2=\left(\frac{0.5\times2+0.085}{2}\right)^2=0.294=29.4\% \quad (3)$$

由上述计算结果可见，按现行相关规范规定开孔进行钻芯法检测时，各孔芯样最外侧所包络区域的面积占受检桩全断面面积的比例仅为12%～30%（以2000mm桩径为例），如桩缺陷不在桩中心附近而在四周（这也是灌注桩缺陷的主要形态之一），则存在较高的漏检风险，故不应以钻芯法是直接法或验证检测为由而简单否定声波透射法的结论，而应进行声波透射法精细化复测并进行综合分析评价。

2 所谓声波透射法精细化复测和综合分析评价，即是利用钻芯孔和原声测管组成新的声测管体系，重新组织声波透射法检测，据此可描绘出缺陷轮廓线，确定缺陷的大概范围，现场实测各孔间距，估算出缺陷的面积和桩身完整性系数，最终给出该桩的综合分析结果。下面列举三例来说明精细化复测和综合分析评价的操作思路，以供参考：

例一：声波透射法结果显示桩身基本完整，但钻芯法结果显示桩身有严重缺陷。

基本信息是：桩径2000mm，4根声测管，6个检测剖面均无明显或严重异常；钻芯法3孔，其中1号孔存在严重缺陷（夹泥16cm），其余2孔无异常，桩身完整性类别判定为Ⅳ类，如图4～图6所示。钻芯法与声波透射法结果存在较大差异，此时可在1号孔附近靠桩周一侧加钻2孔（4号孔和5号孔），结果2孔均无异常，如图7所示。将钻芯孔与声测管组成新的声测管体系，重新组织声波透射法检测，结果3-4、4-5、5-3检测剖面均无异常声测线，如图8所示。缺陷可锁定在Δ3-4-5范围内，如图9所示，测量3-4、4-5、5-3间距，计算出三角形面积，即可估算出缺陷面积占受检桩全断面面积的比例，得出桩身完整性系数。

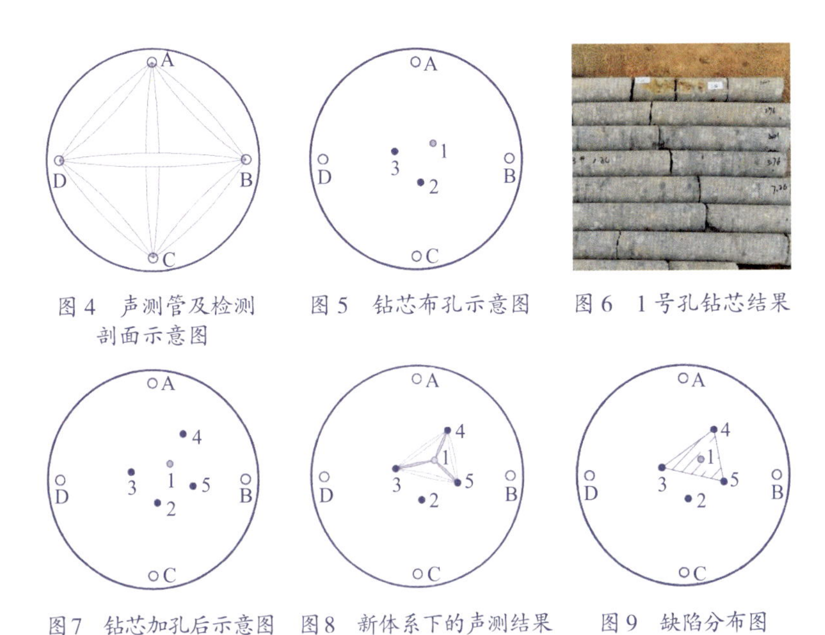

图 4　声测管及检测剖面示意图　　图 5　钻芯布孔示意图　　图 6　1 号孔钻芯结果

图7　钻芯加孔后示意图　　图8　新体系下的声测结果　　图 9　缺陷分布图

例二：声波透射法结果显示所有检测剖面均有严重异常。

基本信息是：桩径 2000mm，4 根声测管，6 个检测剖面在同一深度范围均出现严重异常声测线，如图 10 所示。此时如采用钻芯法进一步检测，其开孔位置可不必按规范规定进行，可先在桩中心附近位置钻孔，如钻芯芯样完整，结果与声测结果不符，则可将该钻芯孔和 4 根声测管组成新的声测管体系，重新组织声波透射法检测，如图 11 所示。如结果显示 1-C 检测剖面无异常声测线，其余均出现严重异常声测线，说明缺陷所占的面积比较大，此时可以直接结束检测，以声波透射法结果作为验收依据；但为了查明缺陷的性质和分布范围，也可以继续加孔钻芯，加孔的位置分别在 1-A、1-B、1-D 的中间，如图 12 所示。

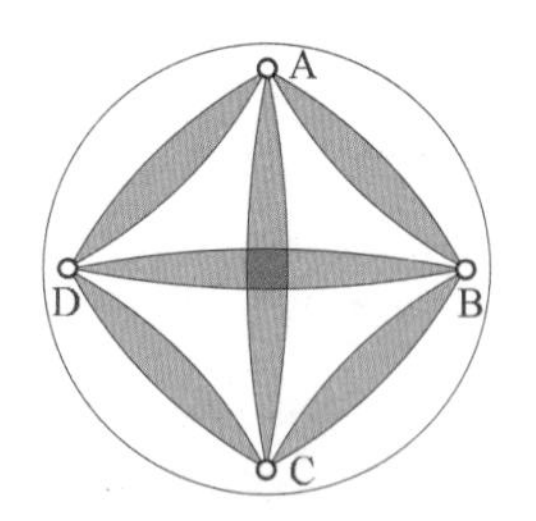

图 10　声测管及检测剖面示意图

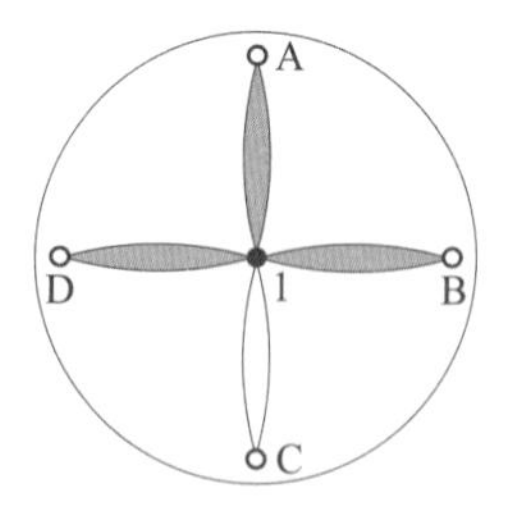

图 11　新体系下的声测结果

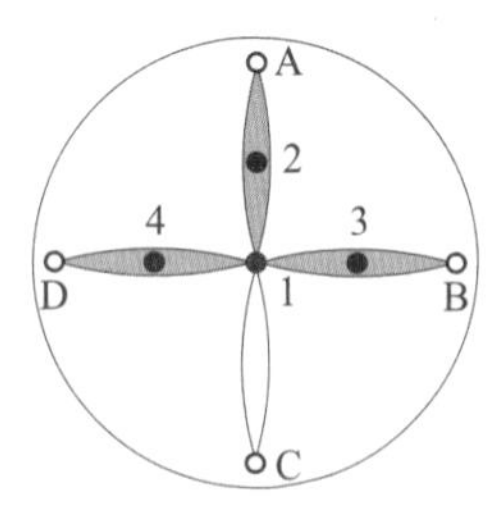

图 12　加孔孔位示意图

加孔钻芯后，可将 4 个钻芯孔和 4 根声测管组成新的声测管体系，重新组织声波透射法检测，如图 13 所示，如结果显示 1-2、1-3、1-4、1-C、2-3、2-4、3-C、4-C 检测剖面均无异常声测线，其余均出现严重异常声测线，此时可描绘出缺陷的轮廓线，确定缺陷的大概范围，现场实测各孔间距，进行定量化评估，如图 14、图 15 所示。

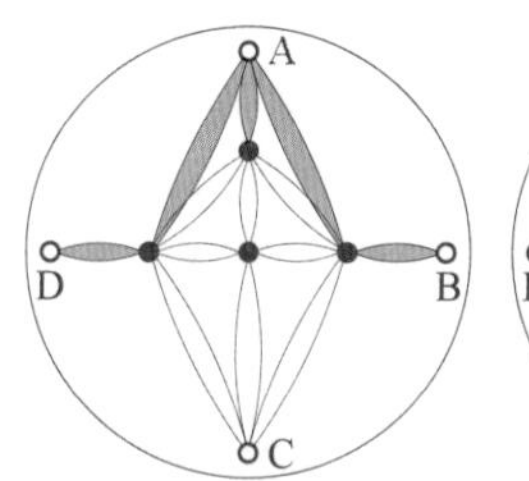

图 13　新体系下的声测结果

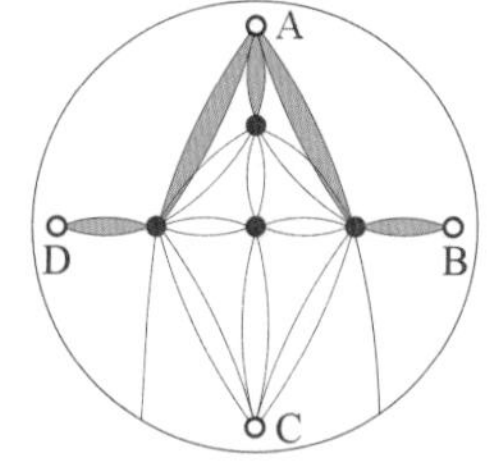

图 14　缺陷分布轮廓线

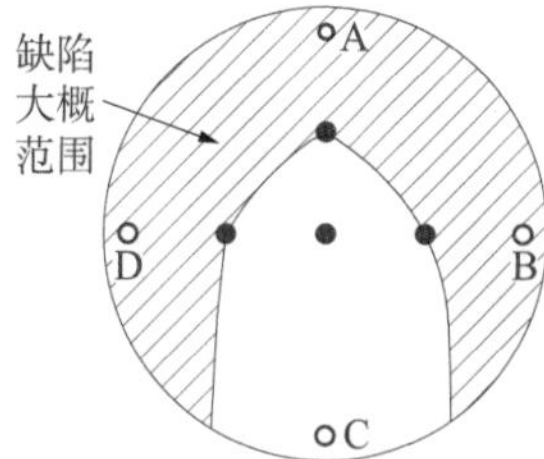

图 15　缺陷分布图

例三：声波透射法结果显示部分检测剖面结果异常。

基本信息是：桩径 2000mm，4 根声测管，在 6 个检测剖面中，A-D、B-D、C-D 共 3 个检测剖面在同一深度范围均出现严重异常声测线，其余均无异常声测线，如图 16 所示。此时可在 A-D、C-D 的中间各钻 1 孔，如该 2 孔芯样均完整，可将该 2 个钻芯孔和 4 根声测管组成新的声测管体系，重新组织声波透射法检测，如结果显示 D-1、D-2 均出现严重异常声测线，其余检测剖面无异常声测线，如图 17 所示，此时可描绘出缺陷的轮廓线，确定缺陷的大概范围，现场实测各孔间距，进行定量化评估，如图 18、图 19 所示。

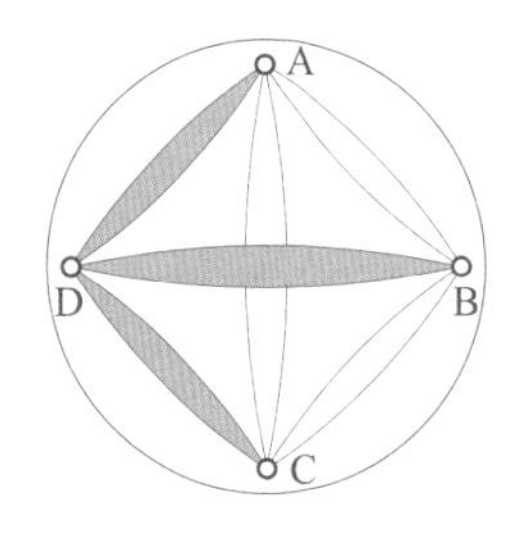

图 16 声测结果示意图

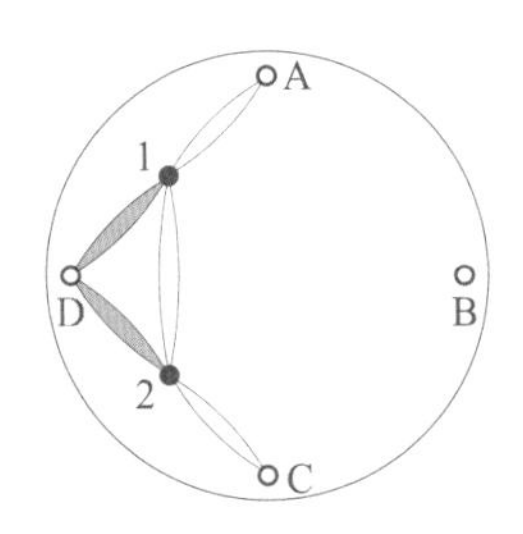

图 17 新体系下的声测结果

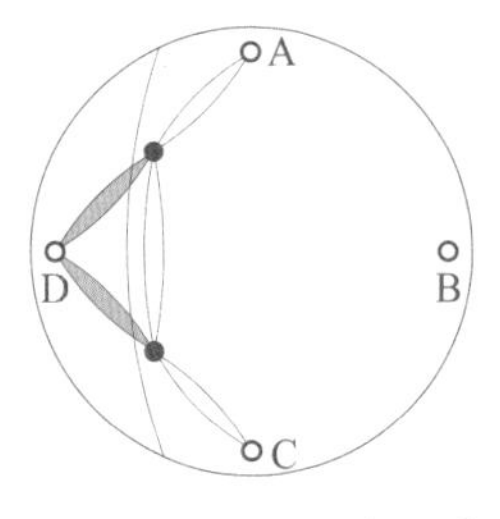

图 18 缺陷分布轮廓线

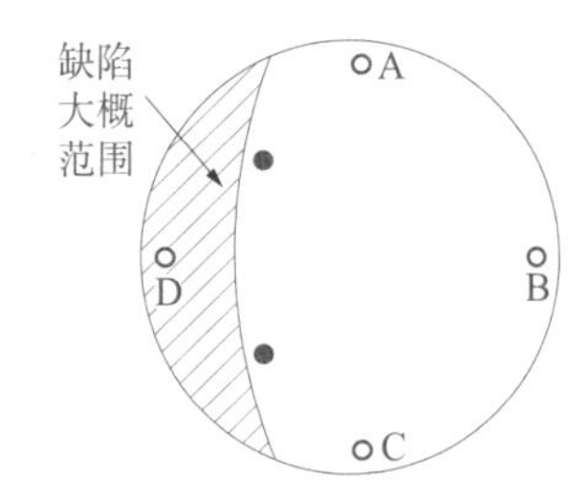

图 19 缺陷分布图

依照上述思路，通过声波透射法精细化复测，可以对钻芯法结果和声波透射法结果的各种组合情况进行综合分析评价，为设计复核和工程验收提供参考。

1.0.9 基桩检测结果不满足设计要求时，处理流程应符合下列规定：

1 应会同有关各方分析原因；当检测方案为抽样检测时，应确认不满足设计要求的桩所代表的范围。

2 扩大检测的桩宜在不满足设计要求的桩所代表的范围内选取，扩大检测的数量应以能满足分析判断桩基整体质量状况并为下一步确定处理方案提供足够依据为原则，且不得少于广东省现行标准《建筑地基基础检测规范》DBJ/T 15-60 规定的最少数量；不能确认其所代表的范围时，应对整个验收批扩大检测。

3 应将首次检测、验证检测和扩大检测的所有检测结果作为设计处理和工程验收的依据，不应仅以扩大检测结果为依据。

【条文说明】

检测方案根据检测数量不同可分为抽样检测和全数检测两种。

2 混凝土灌注桩

2.1 设计与施工

2.1.1 混凝土灌注桩直径的确定除应满足承载力设计要求外，还应满足灌注混凝土时导管正常操作所需的合理空间。对于需预埋声测管和钻芯管且桩长较长的工程，桩径不宜小于1000mm。

2.1.2 花岗岩地区宜慎用摩擦型灌注桩，确需采用时，应符合下列规定：

1 设计应考虑花岗岩风化岩土层在成孔后遇水软化的特点，残积土、全风化和强风化层的桩侧摩阻力宜按软塑状黏性土取值，缺乏工程经验或试验数据时，侧阻力特征值可取14～24kPa。

2 慎用后注浆工艺。

【条文说明】

多年来，在花岗岩地区，以强风化、全风化乃至残积土作为桩端持力层的摩擦型预应力管桩得到广泛应用，取得巨大成功，但摩擦型灌注桩却屡遭失败。究其原因，主要是与花岗岩风化物在应力释放后遇水软化的特性有关。花岗岩主要成分是长石（60%～70%）、石英（20%～30%）、云母及角闪石（5%～10%），其化学风化过程主要是长石发生水解和碳酸化后形成高岭石；高岭石结构致密，但吸水性强，遇水后易膨胀和软化，具可塑性和高压缩性；因此，花岗岩残积土、全风化和强风化岩土层遇水前后的强度相差极大，遇水前强度很高，但遇水后强度明显下降。这里需要特别注意的是，花岗岩风化物遇水软化是以高岭石吸水膨胀为前提的。对于预制桩工程，由于施工过程的挤土作用，其桩侧和桩端均不具有吸水膨胀继而软化的条件，与自然状态相比，其强度不但不会下降，往往还会得到提高；但对于灌注桩工程，成孔后其孔壁和孔底均形成临空面，具备吸水膨胀软化的条件，岩土层软化后强度发生明显下降。尽管现行规范在推荐承载力参数时已对预制桩和灌注桩做了区别对待，但在工程实践中，仍出现“好的更好，差的更差”的现象。珠海市建设工程质量监测站（原珠海市建设工程质量监督检测站，以下简称珠海市质监站）曾对本地区多年的静载试验结果进行统计分析（剔除因桩身缺陷导致承载力不足的数据）。结果表明，预应力管桩单桩竖向极限承载力实测值一般为计算值的0.9～2.5倍，极个别短桩接近4倍，平均值约为1.5倍；但摩擦型灌注桩实测值低的仅约为计算值的0.12倍（如表1所示），高的则可达到计算值，实测值总体偏低且离散性较大。总体偏低则是花岗岩风化物遇水软化的结果，而离散性较大的原因则主要是，端阻力遇水软化的幅度受持力层粗颗粒含量和施工工艺控制等多方面因素的影响较大，具有较大的不确定性。故对于端阻力，难以给出软化后的抗压承载力参数指标；但侧阻力则不同，遇水软化后的桩侧残积土、全风化和强风化岩土层，分别与桩侧泥皮组成复合体，其呈现出的力学性能趋于基本一致，侧阻力特征值可统一按软塑状黏性土（$0.75 < I_L \leq 1$）取14～24kPa。

表1　××山庄灌注桩抗压承载力计算及检测结果

桩号	桩长（m）	桩径（mm）	桩端持力层	设计极限承载力（kN）	按规范计算极限承载力（kN）			实测极限承载力（kN）	实测值/计算值
					侧阻力	端阻力	总阻力		
15号	22	600	强风化花岗岩	3000	7881	1131	9012	1500	0.166
62号	20	600		3000	6465	1131	7596	900	0.118
102号	16.9	600		3000	4918	1131	6049	1800	0.298

如××山庄工程，地质情况自上而下为：① 砾质黏性土，② 全风化花岗岩，③ 强风化花岗岩。设计采用预应力混凝土管桩，直径500mm，桩长为10～20m，静压法施工，单桩竖向抗压

承载力特征值为2000kN（极限值为4000kN）；靠近山边的部分区域因桩长较短，设计变更为直径600mm的钻孔灌注桩，桩长约为20m，采用桩底后注浆工艺，单桩竖向抗压承载力特征值为1500kN。验收检测时，预制桩静载试验结果均符合设计要求，但灌注桩静载试验结果均不符合设计要求，详见表1（计算值是根据《建筑桩基技术规范》JGJ 94计算得出，且未考虑后注浆效果）。灌注桩承载力指标远低于预制桩，也远低于规范推荐值。

另外需要特别说明的是，本工程案例采用了后注浆工艺，但并未达到预期效果。实际上，从横琴合作区乃至整个珠海地区的工程实践调研情况来看，后注浆技术虽有成功的案例，但也存在大量的因盲目应用该项技术、不合理确定注浆参数控制标准、施工工艺控制不当或现场管理不善等因素而导致失败的教训，其效果存在较大的不确定性，编制组认为宜慎重采用。

2.1.3 端承型灌注桩施工前、后的桩底标高确认应符合下列要求：

1 施工人员应在施工前将桩位标注于中（或微）风化岩岩面等高线图上。

2 施工人员应在施工前制作并分阶段填写《端承型灌注桩桩底标高信息表》，表中至少应包括以下信息：

1）每根桩根据详勘结果对应的岩面标高；

2）计入设计嵌岩深度后的每根桩的设计桩底标高；

3）完成超前钻后，根据超前钻资料得出的设计桩底标高；

4）终孔验收的实际桩底标高。

3 监理人员应同步分阶段对《端承型灌注桩桩底标高信息表》中的信息进行核对并签名确认。

【条文说明】

在不合格桩基工程中，桩端持力层不符合设计要求的情况占比很高，其与勘察工作质量的可靠性、施工记录的真实性、终孔验收时岩性判定的准确性等因素有关，涉及勘察、施工、验收等环节以及各相关参与方，是一个系统性的问题。寻找这一问题的解决办法不应仅停留在技术上，而更应从管理上找准切入点。本条规定旨在以基岩岩面等高线图和端承型灌注桩桩底标高信息表（即“一图一表”）为媒介将整个工作过程贯穿起来，以体现“事前充分准备，事中严格控制，异常及时调整”和“施工承担主责，各方共同参与”的管理思路。端承型灌注桩桩底标高信息表可采用表2格式，也可由施工单位根据本条正文规定的原则自行制作。

表2 端承型灌注桩桩底标高信息表

工程名称：			工程地点：		桩型：		
桩号	详勘岩面标高（m）	设计入岩深度（m）	设计桩底标高（m）	超前钻岩面标高（m）	超前钻后设计桩底标高（m）	终孔验收桩底标高（m）	备注

填写：　　　　　　　　　　校核：　　　　　　　　　　监理：

2.1.4 嵌岩抗拔桩应符合下列规定：

1 单桩竖向抗拔承载力特征值可按下式计算：

$$R_{ta}=u_{p}\sum\lambda_{i}q_{sia}l_{i}+G_{0} \tag{2.1.4}$$

式中 u_p——桩身截面周长；

λ_i——抗拔摩阻力折减系数，可按表2.1.4-1取值；

q_{sia}——桩侧土摩阻力特征值。缺乏工程经验或试验数据时，花岗岩残积土、全风化和强风化层可取14～24kPa；进入中风化、微风化岩部分摩阻力特征值取其与混凝土间的粘结强度特征值，可按表2.1.4-2取值；其余土层按广东省标准《建筑地基基础设计规范》DBJ 15-31-2016的表10.2.3-1取值；

l_i——第i岩土层的厚度，嵌岩段底部应减去0.5m；

G_0——桩自重，地下水位以下取有效重度计算。

表 2.1.4-1 抗拔摩阻力折减系数

岩土类型	λ_i
砂土	0.4～0.6
黏性土、粉土	0.6～0.7
全风化、强风化花岗岩	0.6～0.8
中风化、微风化花岗岩	0.8～0.9

表 2.1.4-2 进入中风化、微风化岩部分摩阻力特征值

岩石性状	q_{sia}（kPa）
破碎中风化花岗岩	80～150
中风化花岗岩	400～600
微风化花岗岩	600～800

2 桩端全断面进入完整的微风化或中风化岩体不应少于2倍桩径，且不少于2m。

3 优先采用旋挖成孔工艺。

4 终孔验收时，以全断面完整岩样作为入岩深度的判定依据，并在见证人员的见证下举牌拍照存档。

【条文说明】

在有关桩基设计的现行主要规范中，对嵌岩抗拔桩的嵌岩深度均未作特别的规定，对桩侧阻力的计算方法也不尽完善，现列举分析如下（表3）：

表 3 现行主要规范对嵌岩抗拔桩的相关规定

规范名称	嵌岩深度	承载力计算
国家标准《建筑地基基础设计规范》GB 50007-2011	不宜小于0.5m。（仅适用于抗压桩）	$R_a = q_{pa}A_p + u_p\sum q_{sia}l_i$（仅适用于抗压桩）

续表 3

规范名称	嵌岩深度	承载力计算
行业标准《建筑桩基技术规范》JGJ 94–2008	对于嵌入倾斜的完整和较完整岩的全断面深度不宜小于 0.4d 且不小于 0.5m；对于嵌入平整、完整的坚硬岩和较硬岩的深度不宜小于0.2d，且不应小于0.2m（d 为桩径）。（仅适用于抗压桩）	$T_{uk}=\sum\lambda_i q_{sik} u_i l_i$（适用于抗拔桩，但不包含中风化及微风化层，未解决嵌岩段的阻力计算问题）
广东省标准《建筑地基基础设计规范》DBJ 15–31–2016	不宜小于 0.5m；嵌入灰岩或其他未风化硬质岩时，嵌岩深度可适当减少，但不宜小于 0.2m。（仅适用于抗压桩）	$R_{ta}=u_p\sum\lambda_i q_{sia} l_i+G_0$（适用于抗拔桩，并解决了嵌岩段的承载力计算问题）

广东省标准《建筑地基基础设计规范》DBJ 15–31–2016 第 10.2.11 条第 2 款规定：单桩抗拔承载力特征值可按下式计算：

$$R_{ta}=u_p\sum\lambda_i q_{sia} l_i+G_0$$

式中 q_{sia}——桩侧土摩阻力特征值；进入中、微风化岩部分摩阻力参照表 4 水泥浆、水泥砂浆或细石混凝土与岩石间的粘结强度特征值取值；

λ_i——抗拔摩阻力折减系数。

表 4 水泥浆、水泥砂浆或细石混凝土与岩石间的粘结强度特征值

岩石坚硬程度	代表性岩石	风化程度	q_{sia} 值（kPa）
软岩	泥岩、页岩	中风化	120～180
		微风化	180～250
较软岩	白云岩、砂砾岩	中风化	200～250
		微风化	250～400
硬质岩	硅质胶结砂岩、花岗岩	中～微风化	400～800

本指引编制组按照广东省标准《建筑地基基础设计规范》DBJ 15-31-2016的计算方法对2个典型实际工程案例中的不合格桩进行了复算，结果显示计算值与实测值相比偏高较多，详见表5。

表5 按照DBJ 15-31—2016的方法复算

序号	工程名称	桩号（号）	桩径（m）	桩长（m）	嵌岩深度（m）	极限承载力计算值（kN）				实测值（kN）	实测值/计算值
						非嵌岩段	嵌岩段	自重	总阻力		
1	案例一	127	1.2	16.00	1.29	1357	3889	271	5517	2200	0.40
2		130	1.2	10.42	1.02	711	4574	177	5462	1760	0.32
3		177	1.2	11.67	1.09	774	4887	198	5859	2240	0.38
4		209	1.2	17.25	1.67	1167	7488	292	8947	3120	0.35
5	案例二	1a-53	1.0	12.25	1.40	899	3517	144	4560	1644	0.36
6		1c-2	1.0	11.65	1.40	710	3517	137	4364	2800	0.64
7		1c-22	1.0	12.00	1.40	991	3517	141	4649	2800	0.60
8		2b-4	1.2	16.05	1.00	1618	3014	272	4904	2040	0.42
9		2b-5	1.2	15.55	1.00	1583	3014	264	4861	1296	0.27

其中需要特别关注的是，如不考虑非嵌岩段侧阻力的作用，只考虑嵌岩段侧阻力和桩自重，计算值仍高于实测值，这说明嵌岩效果未达到设计要求。究其原因，主要有两个方面：一是，在进行水下混凝土灌注时，初始混凝土冲挤底部沉渣往桩周堆积，同时该部分混凝土先与水接触后再与桩周接触，混凝土质量较差，造成桩底部混凝土与桩孔侧壁的接触不够紧密，粘结力难以保证，如图20和图21所示，故按本条第1款进行承载力计算时，规定嵌岩段底部应减去0.5m；二是，实际入岩深度未达到设计要求，施工记录的入岩深度真实性存疑，针对这一现象，本条第3款规定“优先采用旋挖成孔工艺”和第4款规定“终孔验收时，以全断面完整岩样作为入岩深度的判定依据”，以成熟可靠的技术措施来确保入岩深度达到设计要求。

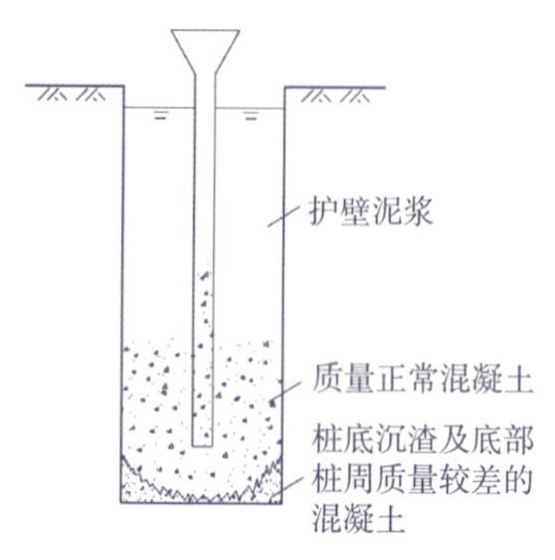

图 20　桩身混凝土灌注示意图

图 21　钻芯检测结果：底部混凝土与桩孔侧壁接触不紧密

基于以上分析，现再将上述 2 个典型实际工程案例的嵌岩段按破碎中风化花岗岩考虑（即假设嵌岩段施工未进入完整中风化岩层），并按本指引的方法进行复算，结果如表 6 所示。由表 6 可见，实测值与计算值之比平均为 1.29，计算结果较为合理。

表 6　按照本指引的方法复算（嵌岩段按破碎中风化考虑）

序号	工程名称	桩号（号）	桩径（m）	桩长（m）	嵌岩深度（m）	极限承载力计算值（kN）				实测值（kN）	实测值/计算值
						非嵌岩段	嵌岩段	自重	总阻力		
1	案例一	127	1.2	16.00	1.29	1357	548	271	2176	2200	1.01
2		130	1.2	10.42	1.02	711	383	177	1271	1760	1.38
3		177	1.2	11.67	1.09	774	435	198	1407	2240	1.59
4		209	1.2	17.25	1.67	1167	862	292	2321	3120	1.34

续表 6

序号	工程名称	桩号（号）	桩径（m）	桩长（m）	嵌岩深度（m）	极限承载力计算值（kN）				实测值（kN）	实测值/计算值
						非嵌岩段	嵌岩段	自重	总阻力		
5	案例二	1a-53	1.0	12.25	1.40	899	520	144	1563	1644	1.05
6		1c-2	1.0	11.65	1.40	710	520	137	1367	2800	2.05
7		1c-22	1.0	12.00	1.40	991	520	141	1652	2800	1.69
8		2b-4	1.2	16.05	1.00	1618	347	272	2237	2040	0.91
9		2b-5	1.2	15.55	1.00	1583	347	264	2194	1296	0.59

另外需要说明的是，2b-5 号桩实测值仍然偏低较多，其数值约等于把各岩土层侧摩阻力特征值均按 8kPa 进行计算所得的承载力，承载力指标仅相当于淤泥～淤泥质土，与 2.1.2 条文说明中 62 号桩类似，这可以看作是花岗岩风化岩土层遇水软化的极端情况。

当然，如果施工入岩深度满足设计要求，则嵌岩段侧阻力可按本条第 1 款的规定取完整岩体与混凝土间的粘结强度值。例如，与案例二同一验收批的还有另外 5 根抗拔试验桩，其试验结果均满足设计要求，对其抗拔承载力进行复算（如表 7 所示），5 根桩的计算值与实测值均基本接近，为本指引的计算方法和参数取值提供了正面例证。

表 7　按照本指引的方法复算（嵌岩段按完整岩体考虑）

序号	桩号（号）	桩径（m）	桩长（m）	嵌岩深度（m）	计算值（kN）	实测值（kN）	实测值/计算值
1	1a-28	1.0	14.55	1.0	2812	≥ 2740	≥ 0.97
2	1b-8	1.0	17.25	1.0	2774	≥ 4000	≥ 1.44
3	1b-20	1.0	14.35	1.4	3288	≥ 4000	≥ 1.22
4	1b-31	1.0	20.75	1.0	3223	≥ 4000	≥ 1.24
5	2a-9	1.2	11.45	1.0	4041	≥ 3600	≥ 0.89

下面再以一个工程实例来说明表2.1.4-2中破碎中风化花岗岩侧阻力特征值的取值问题。某工程SC-436号桩，采用旋挖成孔工艺，桩径1200mm，设计要求桩端进入破碎中风化花岗岩大于等于6.5m，施工桩长49.41m。设计要求单桩竖向抗拔静载试验最大试验荷载为9300kN，试验过程中，在试验荷载7440kN作用下，上拔力值稳定，桩顶累计上拔量为21.07mm，在加载至8370kN后，上拔量持续增大，桩顶上拔量累计为70.54mm，本级桩顶上拔量大于前一级荷载作用下的上拔量的5倍，且累计上拔量大于15mm，终止加载。U-δ曲线呈陡变形特征，有明显陡升段，取陡升起始点对应的荷载为该桩的单桩竖向抗拔极限承载力，即U_u＝7440kN，不满足设计要求。试验结束后，对该桩进行钻芯法检测，结果未发现异常，桩身质量完好。而后再于桩的两侧附近各钻1孔，进行补充勘探，各土层分布见表8。根据补充勘探结果，采用本指引推荐的计算方法和参数取值进行承载力计算，结果两孔的单桩竖向抗拔极限承载力计算值分别为8020kN和7358kN，平均值为7689kN，与实测值7440kN接近，这说明本指引的计算方法和参数取值是合理的。但由于破碎中风化岩的性状存在较大的离散性，且目前所收集的算例尚少，因此，表2.1.4-2的推荐取值还应在实践过程中积累更多算例后不断完善。

表8 桩端持力层为破碎中风化岩时的单桩竖向抗拔承载力算例

土层名称	层厚L_i（m）		λ_i	q_{sia}（kPa）	侧阻力特征值（kN）		侧阻力极限值（kN）		自重（kN）	单桩极限承载力计算值（kN）	
	孔1	孔2			孔1	孔2	孔1	孔2		孔1	孔2
素填土	1.5	1	0.65	8	29	20					
淤泥	23.3	25.4	0.7	4	246	268					
黏土	3.2	2	0.65	14	110	69	7182	6520	838	8020	7358
淤泥质土	3	2.6	0.7	8	63	55					
粗砂	2	5	0.5	29	109	273					

续表 8

土层名称	层厚 L_i（m）		λ_i	q_{sia}（kPa）	侧阻力特征值（kN）		侧阻力极限值（kN）		自重（kN）	单桩极限承载力计算值（kN）	
	孔 1	孔 2			孔 1	孔 2	孔 1	孔 2		孔 1	孔 2
全风化花岗岩	6.2	3.5	0.7	19	311	175	7182	6520	838	8020	7358
强风化花岗岩	2.8	3.5	0.7	24	177	222					
破碎中风化花岗岩	7.41	6.41	0.85	115	2546	2178					

2.1.5 施工单位应配备下列基本的测试工具和仪器：测锤、黏度计、泥浆比重计、失水量仪、静切力计、洗砂瓶、量筒、pH试纸、成孔质量检测仪（机械式或超声波法）、沉渣测定仪等。

【条文说明】

除桩端持力层外，桩身完整性和桩底沉渣厚度不符合设计要求是灌注桩工程质量事故的其他两个主要构成因素，其原因与施工质量控制水平直接相关，解决途径应从控制泥浆性能指标、成孔质量、清孔及沉渣测定等环节入手，而“工欲善其事，必先利其器”，器欲利之，必先备之，因此，施工单位配备必要的测试工具和仪器是质量控制的基本前提。

目前施工单位普遍存在测试工具和仪器不齐全的现象，多数都未配备成孔质量检测仪等新型设备，导致成孔过程无法准确判断是否存在塌孔等异常情况，对成孔操作、泥浆指标控制、清孔等工艺无法及时提出动态调整方案，最终造成到完工后验收检测时才发现各种质量缺陷的被动局面。不少项目桩基质量事故处理过程花费数月甚至以年计，严重影响工程进度，造成巨大经济损失。本指引列举了施工单位应配备的基本的测试工具和仪器，为落实过程控制提供必要的前提条件。

2.1.6 进场施工前，施工单位应编制《混凝土灌注桩工程专项施工方案》，并报总监理工程师审批。

正式施工前，应进行试成孔，试验孔数应能代表场地内不同的地质情况（旋挖成孔的应不少于3孔），试成孔进入持力层时，施工单位应会同勘察、设计、建设、监理等有关单位，根据设计要求，参照地质资料，确定终孔条件。试成孔进入岩层时，应采集岩样在现场确定岩性鉴别标准。

通过试成孔对成孔、泥浆指标控制、清孔等工艺提出有针对性的质量保证措施，并对《混凝土灌注桩工程专项施工方案》进行补充完善。必要时应对施工方案进行专家论证。

2.1.7 施工前应配备泥浆池（包括储浆池和沉渣池），储浆池应满足储备成孔及清孔用泥浆的要求，沉渣池应满足成孔及清孔时存放泥浆及灌注桩身混凝土时排放泥浆的要求，储浆池、沉渣池与桩孔口之间应砌筑泥浆沟或布设泥浆管。

2.1.8 护壁泥浆指标应符合下列规定：

1 泥浆制备应采用钠基膨润土，并根据施工机械、工艺及穿越土层情况通过配合比试验适量添加纯碱和羧甲基纤维素等外加剂，必要时可采用高分子聚合物泥浆。制备护壁泥浆的性能指标应符合表2.1.8-1的规定。

2 成孔时应根据土层情况调整泥浆指标，循环泥浆的性能应符合表2.1.8-2的规定。

3 灌注混凝土前，泥浆性能指标应符合表2.1.8-3的规定。

4 应根据施工机械、工艺及穿越土层情况进行泥浆配合比设计，现场应有专人负责泥浆稳定液的配制、性能检测及调整；泥浆配制完成后在使用前、循环过程中、混凝土灌注前均应进行泥浆参数测定，并留存原始记录作为过程验收资料。监理人员应旁站监理，并现场核对原始记录。

表2.1.8-1 制备泥浆的性能指标

项目	性能指标		检验方法
相对密度	1.05～1.15		泥浆比重计
黏度（s）	黏性土	18～25	漏斗法

续表 2.1.8-1

项目	性能指标		检验方法
黏度（s）	砂土	25～30	漏斗法
含砂率	＜ 4%		洗砂瓶
胶体率	＞ 95%		量杯法
失水量（mL/30min）	＜ 30		失水量仪
泥皮厚度（mm/30min）	1～3		失水量仪
静切力（mg/cm^2）	1min：20～30 10min：50～100		静切力计
pH 值	8～9		pH 试纸

表 2.1.8-2　循环泥浆的性能指标

项目		性能指标	检验方法
相对密度	黏性土	1.15～1.25	泥浆比重计
	砂土	1.20～1.30	
粘度（s）	黏性土	18～30	漏斗法
	砂土	25～35	
含砂率		＜ 6%	洗砂瓶
胶体率		＞ 90%	量杯法
pH 值		8～11	pH 试纸

表 2.1.8-3　清孔后泥浆的性能指标

项目		性能指标	检验方法
相对密度	黏性土	1.10～1.20	泥浆比重计
	砂土	1.15～1.20	
粘度（s）	黏性土	18～30	漏斗法
	砂土	22～30	
含砂率		＜ 4%	洗砂瓶

【条文说明】

泥浆性能指标不仅影响成孔质量，而且还影响混凝土灌注质量，灌注桩工程质量事故大多与泥浆性能指标控制不当有关，但一般施工单位和监理单位对此却未给予足够重视。本指引强调施工现场应有专人负责泥浆稳定液的配制、性能测定及调整，泥浆配制完成后在使用前、循环过程中、混凝土灌注前均应进行泥浆参数测定并留存原始记录作为过程验收资料，监理人员应旁站测定过程，并现场核对原始记录；同时还应强调，记录应在现场实时完成，而非事后在办公室写“回忆录”，更不能凭空编造。其目的是以管理手段来保障技术措施的落实。

泥浆的 pH 值对泥浆的性能有很大影响，黏土颗粒带负电，须在碱性条件下才能维持稳定，且多数有机处理剂需在一定的 pH 值下才能充分发挥效用，现场循环泥浆一般控制 pH 值为 8～11。往冲洗液中加入纯碱、烧碱等，可提高其 pH 值；加入盐酸或酸式盐则可降低 pH 值。

泥浆材料配合比应通过试验确定，初步试配时可参考表 9 选用。

表 9　泥浆材料配合比参考表

膨润土（%）	纯碱（Na_2CO_3）（%）	羧甲基纤维素（CMC）（%）
6～10	0～0.5	0～0.3

2.1.9　施工期间护筒内的泥浆面应高于地下水位 1.0m 以上，在受水位涨落影响时，泥浆液面应高于最高水位 1.5m 以上，且不低于护筒底部以上 0.5m；应根据钻进速度同步补充泥浆，保持所需的泥浆面高度不变。

【条文说明】

在滨海区域施工灌注桩，泥浆液面易受海水潮汐涨落影响，抛石填土层还易出现泥浆流失、成孔困难的现象。

2.1.10　在易塌孔地层，相对密度、黏度和 pH 值等泥浆指标应按表 2.1.8-1～表 2.1.8-3 规定值的上限取用；在松软地层，宜采用长护筒护壁。

2.1.11 旋挖成孔施工应符合下列规定：

1 成孔时，宜采用间隔跳挖施工的方式，桩距宜控制在 4 倍桩径以上，排出的渣土距桩孔口距离应大于 6m，并应及时清理外运。

2 成孔时应根据地质情况控制钻进速度，并应控制钻斗在孔内的升降速度，可参考表 2.1.11 并通过试成孔确定。

表 2.1.11 不同土（岩）层钻机钻进速度和提钻速度参考值

土（岩）层	转速（r/min）	回次进尺（m）	提钻速度（m/s）
黏性土、粉质黏土	20～50	≤ 0.8	≤ 0.8
杂填土、砂性土、粉土、淤泥质土、花岗岩残积土、卵砾石层	20～30	≤ 0.5	≤ 0.6
强风化岩	9～20	≤ 0.5	≤ 0.8
中风化岩	9～15	≤ 0.5	≤ 0.8

3 旋挖成孔达到设计深度时，应采用清孔钻头清除孔内虚土、残渣。

【条文说明】

旋挖桩施工，提钻速度是除泥浆外的另一个影响成孔质量的关键因素。提钻速度对孔壁的稳定性有显著影响，当提钻速度过快时，较大的“负压”作用易导致孔壁出现坍塌现象。

2.1.12 泥浆护壁成孔灌注桩清孔应符合以下规定：

1 清孔应分两次进行，第一次应在成孔完毕后，第二次应在钢筋笼和导管安装完毕后。

2 第一次清孔结束时，应对孔位、孔径、垂直度、孔深、沉渣厚度、泥浆指标等进行测定；第二次清孔结束时，应测定沉渣厚度和泥浆相对密度。测定合格后应立即灌注混凝土，当停歇时间过长时，在灌注混凝土之前还应再次测定沉渣厚度和泥浆相对密度。

3 成孔质量测定应采用成孔质量检测仪（机械式或超声波法），沉渣厚度测定应采用沉渣测定仪（第二次清孔后也可采用测锤法）。

4 测定过程及结果应留存记录。

【条文说明】

通过对大量灌注桩工程质量事故的调查分析可以发现，施工现场往往对第二次清孔不够重视，或者在清孔后灌注混凝土前没有再次测定沉渣厚度和泥浆相对密度，导致未能及时发现并有效清除在安装钢筋笼过程中或之后的停歇阶段因孔壁坍塌所产生的沉积物。

例一，某冲孔灌注桩工程137A-1号桩，桩径2600mm，桩长约71.5m；预埋管钻芯法检测结果显示桩底沉渣厚度为103cm，后再采用全桩长钻芯，结果显示，1号孔沉渣3cm，2号孔偏出桩外，3号孔和4号孔沉渣分别为22cm和25cm，钻芯孔布置如图22所示，依此可推断桩底沉渣分布情况如图23所示。

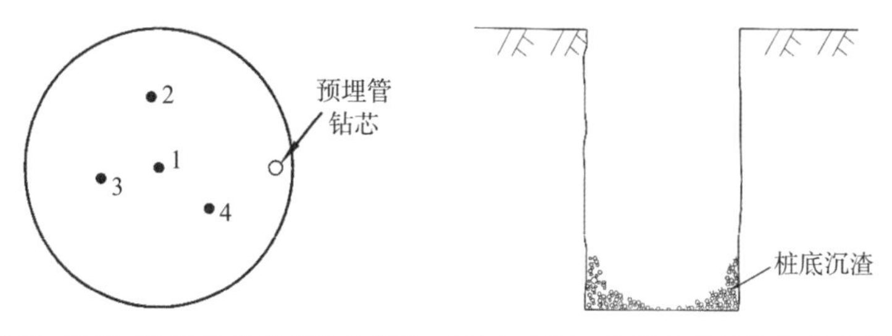

图22 137A-1号桩钻芯孔布置示意图　图23 137A-1号桩桩底沉渣分布示意图

例二，某旋挖成孔灌注桩工程XW53号桩，桩径2000mm，桩长约26m；声波透射法检测结果显示，A-B剖面约25.2～25.4m处出现严重异常声测线，C-D剖面约22.4～25.4m处出现严重异常声测线，其余剖面均在22.5～25.4m处出现严重异常声测线；钻芯法结果显示，1号孔沉渣280cm，2号孔沉渣20cm，3号孔沉渣

20cm，声测管和钻芯孔布置如图24所示；依此可推断桩底沉渣分布情况，如图25所示。由于声波透射法在桩底部测得严重缺陷，部分剖面缺陷厚度较厚，采用钻芯法在相应部位测得沉渣，说明在安放钢筋笼后，孔壁发生了严重的局部坍塌事故，在灌注混凝土前未有对沉渣厚度进行测定。

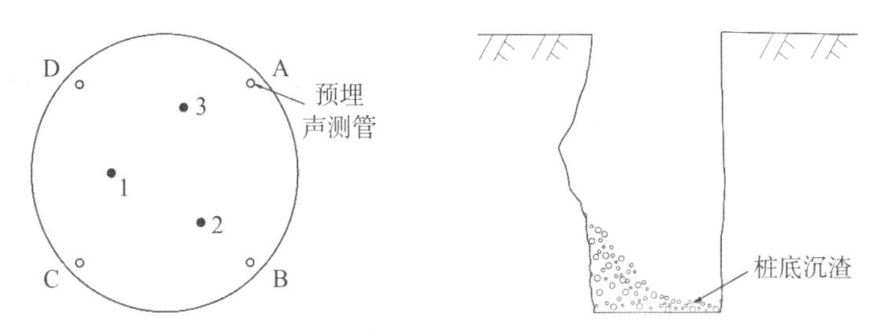

图24　XW53号桩钻芯孔布置示意图　图25　XW53号桩桩底沉渣分布示意图

2.1.13　灌注桩的纵筋连接应采用机械连接，接头应相互错开，并应符合国家现行标准《钢筋机械连接技术规程》JGJ 107的规定。严禁在吊装钢筋笼过程中采用纵筋竖焊和纵筋搭接的连接方法。

2.1.14　混凝土灌注应满足下列要求：

1　导管放置时，导管底部至孔底的距离宜为300～500mm。

2　混凝土开始浇筑时，应保证足够的混凝土初灌量，确保导管下口一次埋入混凝土灌注面以下不应少于1m。

3　导管埋入混凝土深度宜为2～6m，导管应勤提勤拆；严禁将导管提出混凝土灌注面，并应控制提拔导管速度，应有专人测量混凝土面标高并计算导管埋深，现场实时填写水下混凝土灌注记录。

4　混凝土灌注应连续施工，每根桩的灌注时间应按首盘混凝土的初凝时间控制，对灌注过程中存在的问题应记录备案。

5　混凝土灌注完毕后应及时记录充盈系数，有异常时应及时分析处理。

【条文说明】

为避免导管埋深不足导致发生桩身混凝土夹泥现象（图 26），拆管前应测量导管埋深，并根据测量结果计算拆管长度。

（a）夹泥芯样外观特征

（b）夹泥处芯样横断面

图 26 导管埋深不足导致的桩身混凝土夹泥现象

2.1.15 监理单位应制定《混凝土灌注桩工程专项监理方案》，加强对成孔、清渣、吊装钢筋笼、安装声测管、灌注混凝土等进行全过程监理并形成监理日志。

2.2 检验与检测

2.2.1 端承型灌注桩施工前，应按第 1.0.2 条的规定进行超前钻。超前钻应由具有勘察资质的独立第三方完成，超前钻报告应由注册土木工程师（岩土）签署；监理单位应旁站监理，并对超前钻报告中的工作量和基岩面标高签署监理意见。

【条文说明】

本节各条内容是在国家、行业和广东省标准的基础上，借鉴了我国澳门的相关规定（详见表 10），并结合横琴合作区的实际情况制定而成。

表 10　混凝土灌注桩原横琴与澳门检验检测规定之比较

检测项目	原横琴做法	澳门做法	备注
超前钻勘察	—	A 对于大直径桩（桩径≥2.5m），每桩 2 孔； B 对于大直径桩（750mm≤桩径< 2.5m），每桩 1 孔； C 对于小直径桩（桩径< 750mm），超前钻钻孔布置数量，必须使每根桩能够被涵盖在任何一个超前钻孔的 5m 半径范围内	由具有地工勘察资质的独立第三方单位完成，记录及报告必须由符合资格的土木工程师/岩土工程师签署
超声波成孔质量测试	—	100%	由独立而经过认证的部门执行
声波透射法	100%	100%	—
界面钻芯	端承型桩，不少于总桩数的 10%，且不得少于 10 根	100%	—
全桩钻芯	不少于总桩数的 10%，且不得少于 10 根	测试数量的多少按工地之情况决定。在任何情况下，100 根桩须进行至少 5 根	—
单桩静载试验	不少于总桩数的 1%，且不得少于 3 根；总桩数少于 50 根时，不得少于 2 根	不少于总打入桩数的1%，最少 1 根	视工程具体情况选用
高应变法	不少于总桩数的 5%，且不得少于 5 根	正常条件下随机抽检不少于总打入桩数的 3%	

2.2.2　施工过程中，应按第 2.1.8 和 2.1.12 条的规定对每根桩的泥浆指标、沉渣厚度和成孔质量进行测定。测定工作由施工单位完成并留存原始记录，监理单位应旁站监理，并核对原始记录。

2.2.3　混凝土灌注桩应全数预埋声测管，采用声波透射法进行桩身完整性检测，并应符合下列规定：

1 声测管应采用壁厚不小于3mm、内径40～50mm的钢管。

2 声测管应下端封闭、上端加盖、管内无异物，埋设应符合第1.0.6条的规定。

3 当出现下列情况之一时，可对测试区域的混凝土质量进行评价，不应对整桩的桩身完整性进行评定：

1）声波透射法检测深度与施工记录桩底标高负偏差超过0.5m；

2）声测管堵塞导致检测数据不全；

3）声测管埋设数量或布置不符合广东省标准《建筑地基基础检测规范》DBJ/T 15-60的规定。

2.2.4 对端承型灌注桩，应全数预埋钻芯管，采用钻芯法检测桩底沉渣和桩端持力层，并应符合下列规定：

1 桩直径小于等于2000mm时，钻芯管不应少于1根；桩直径大于2000mm时，钻芯管不应少于2根。

2 管材应采用内径不小于130mm（桩长大于30m时，不小于150mm）、壁厚不小于4mm的钢管。

3 管底距离桩底宜为1m。

4 钻芯管应下端封闭、上端加盖、管内无异物，埋设应符合第1.0.6条的规定；浇筑混凝土前，管内宜注满清水。

5 进入桩端持力层的钻探深度应不小于0.5倍桩径且不小于0.5m。其中应选取不少于总桩数10%且不少于10根的桩，进入桩端持力层的钻探深度不小于3倍桩径且不小于5m，设计有要求时，应取样进行岩石芯样抗压强度试验。

【条文说明】

根据多年来本地区灌注桩检测结果的统计分析发现，桩底沉渣厚度和桩端持力层不满足设计要求的现象较为普遍，部分项目不满足设计要求的比例明显偏高，如表11所示。

表 11　部分项目不合格情况统计

项目	钻芯桩数（根）	沉渣厚度不满足设计要求的桩数（根）	持力层不满足设计要求的桩数（根）	备注
某楼盘北塔楼	31	4	17	
某酒店 2 号楼	37	3	10	
某大厦 T2 塔楼	26	8	0	已做超前钻

作为桩身完整性普查手段的声波透射法，未能有效地检测出桩底沉渣厚度和桩端持力层的情况（除个别桩在安装钢筋笼后因塌孔形成的较厚沉渣可以通过声波透射法测得缺陷反应外，详见 2.1.12 条文说明）；单桩静载试验尽管可以综合反映出桩的质量状况及其承载能力，但由于其试验设备笨重、试验周期长、费用高，其抽检比例仅占总桩数的 1%，存在较高的漏检风险（所谓漏检，是指抽样检测未能抽到不合格桩，将不合格工程以合格工程进行验收），工程质量存在较大的安全隐患。所以，本条借鉴澳门的做法（见 2.2.1 条文说明），要求对端承型灌注桩采用全数预埋管钻芯法检测桩底沉渣和桩端持力层。

为了说明抽检比例过低所存在的漏检风险问题，下面运用数理统计理论，对以下两种特定抽检比例的漏检概率进行定量分析：一是单桩静载试验，抽检桩数不少于总桩数的 1%，且不得少于 3 根；二是现行规范的钻芯法检测，抽检桩数不少于总桩数的 10%，且不得少于 10 根。

1　单桩静载试验抽检 3 根桩时的漏检概率。假设某桩基工程总桩数为 N，其中不合格桩数为 b；抽检数量为 n，其中抽到不合格桩的数量为 k。根据数理统计理论可知，抽取的 n 根桩中有 k 根不合格桩的概率 P_k 服从超几何分布规律，即：

$$P_k = \frac{C_b^k C_{N-b}^{n-k}}{C_N^n} \quad (4)$$

式中　C_N^n——从 N 根桩中不重复地抽取 n 根桩的组合总数。

设 $N=100$，$b=20$，$n=3$，代入上式计算可得：

$$P_0=\frac{C_{20}^0 C_{80}^3}{C_{100}^3}=\frac{1\times 82160}{161700}=50.81\%$$

$P_1=39.08\%$，　$P_2=9.40\%$，　$P_3=0.71\%$。

上述结果中，P_0 即是漏检概率。

可见，当桩基不合格率为20%时，静载试验抽检3根时的漏检概率超过了50%（当 $b=10$ 时，$P_0=72.65\%$，即桩基不合格率为10%时，其漏检概率更是达到72.65%），这么高的不合格率却有如此之大的概率检查不出来，这对工程验收来讲风险实在是太大了，说明现行规范要求的静载试验数量是偏少的，存在着较高的漏检风险。

2　现行规范钻芯法检测抽检10根时的漏检概率。按上述公式，设 $N=100$，$b=20$，$n=10$，代入后计算可得：

$P_0=9.51\%$

可见，当桩基不合格率为20%时，钻芯法检测抽检10根时的漏检概率接近10%，当桩基不合格率为10%时，其漏检概率达到33.05%，仍然存在较高的漏检风险。而且更重要的是，即便检测到了不合格桩，接下来如何对其余90%的桩进行排查也是一个难题，现行规范没有给出明确有效的解决办法。工程实践中常常出现反复扩大检测而资料仍未能闭合的情况。但如对其余90%的桩全部进行全桩长钻芯，则检测费用极其高昂，且当桩的长径比较大时，钻芯孔容易偏出桩身、难以钻到桩底，技术上存在无法彻底排查出所有不合格桩的风险。因此，工程实践中常常会出现反复开会论证而仍得不出明确结论的情况，严重影响施工进度，激化社会矛盾。此时，迫于各方压力，工程往往不得不在留有隐患的情况下往前推进。

因此，本条规定对端承型灌注桩采用全数预埋管钻芯法检测桩底沉渣和桩端持力层，再结合2.2.3条“全数预埋声测管，采用声波透射法进行桩身完整性检测”的规定，则可把灌注桩质量检测从原来的抽样检测提升到全数检测，从根本上解决了漏检问题，在此基础上再选取少量的桩进行单桩静载试验检测其承载力，技术路径简单清晰，是一种点面结合、现实有效的解决方案。

2.2.5 当声波透射法未能对整桩的桩身完整性进行评定，或预埋管钻芯法未能顺利实施时，宜采用全桩长钻芯法或高应变法等其他方法进行补充检测。

2.2.6 混凝土灌注桩的单桩竖向抗压承载力检测应符合下列规定：

1 设计要求的最大试验荷载 $Q_{max} \leqslant 50000kN$ 时，应采用单桩竖向抗压静载试验进行检测，并应符合第 1.0.6 条的规定。抽检数量不应少于总桩数的 1%，且不应少于 3 根；当总桩数小于 50 根时，抽检数量不应少于 2 根。

2 设计要求的最大试验荷载 $Q_{max} > 50000kN$，或虽未大于 50000kN 但因现场条件限制，难以进行单桩竖向抗压承载力检测时，经工程质量各方责任主体共同确认和专家论证，可采用桩身完整性检测与桩端持力层鉴别相结合的方式进行评定，且桩身完整性检测与桩端持力层鉴别应符合现行广东省标准《建筑地基基础检测规范》DBJ/T 15-60 的规定。

【条文说明】

澳门关于混凝土灌注桩质量检测方法和数量的规定中（详见 2.2.1 条文说明），未区分端承型桩和摩擦型桩，均要求 100% 超前钻、100% 预埋管声波透射法和 100% 预埋管界面钻芯法，以及 10% 且不少于 5 根的全桩身钻芯法，1% 且不少于 1 根的单桩静载试验。本指引在整体借鉴澳门做法的基础上，对端承型桩取消全桩身钻芯法，保留前三项和最后一项；对摩擦型桩取消超前钻、预埋管界面钻芯法和全桩身钻芯法三项，保留预埋管声波透射法和单桩静载试验两项。同时，单桩静载试验数量按内地规范要求调整为不应少于总桩数的 1%，且不应少于 3 根；当总桩数小于 50 根时，抽检数量不应少于 2 根。

2.2.7 对竖向抗拔承载力或水平承载力有设计要求的混凝土灌注桩工程，应进行单桩竖向抗拔静载试验或单桩水平静载试验。抽检桩数不应少于总桩数的1%，且不得少于3根；当总桩数小于50根时，抽检数量不应少于2根。

3 预应力混凝土管桩

3.1 设计与施工

3.1.1 应根据地质条件和布桩情况选用合适的桩尖。在饱和软黏土场地且桩长 $L > 30$m 的工程，宜采用开口型桩尖。

【条文说明】

预应力管桩属于挤土桩，施工过程容易引起地面隆起；在饱和土场地，这种挤土效应尤为突出。采用开口型桩尖可使一部分土进入管桩内腔，形成土塞，在一定程度上减小挤土效应。土塞高度与管桩的直径、壁厚有关，同样地层，桩径越大、壁厚越薄，土塞高度越高；根据珠海保税区深厚软土场地某工程（桩径500mm，壁厚125mm，桩长约50m）的实测结果，采用开口型桩尖时，土塞长度约为桩长的1/3～2/3。但是需要特别注意的是，开口型桩尖不等于不设置桩尖，开口型桩尖所耗用的钢材比十字型桩尖还要多；不设桩尖将容易造成桩端受损，得不偿失。

这里涉及另外两个需要进一步说明的问题，一是预应力管桩桩端持力层为花岗岩风化岩土层时，是否存在遇水软化的问题；二是采用开口型桩尖是否会影响桩内腔混凝土封底的问题（或者是管桩内腔采用混凝土封底是否有必要的问题）。

如2.1.2条文说明所述，花岗岩风化物遇水软化是以高岭石吸水膨胀为前提的，对于采用闭口型桩尖的预应力管桩，其桩端处于致密的封闭状态，不具备高岭石膨胀的空间，水无法渗入土层，因此不存在遇水软化的问题。长桩采用开口型桩尖时，由于桩内腔存在较长的致密土塞，起到了类似于闭口桩尖的隔水作用，也不存在遇水软化的问题。但当桩长较短时，土塞较短，隔水效果较弱，且短桩的端承力占比高于长桩，故宜采用闭口型桩尖。

由于在闭口型桩尖或土塞的保护下，管桩桩端周围土体不存在明显的遇水软化问题，所以，管桩内腔封底措施也就没有必要了。而且，即便采用了封底措施，由于封底混凝土施工要求复杂，如现行规范规定：第一节管桩打入土（岩）层后，宜立即人工向管桩内腔底部灌注高1.5～2.0m的C20细石混凝土，或者待收锤后经灯光照射或孔内摄像检查管桩内壁基本完好后立即灌注封底混凝土；打入第一节管桩后立即封底存在商品混凝土难以逐根桩供货的问题，或者是管桩一般存在送桩现象，成桩后内腔会有积水或泥土掉落，收锤后再封底则存在混凝土质量难以保证的问题。因此，封底措施由于现场调度或质量控制难度极大，往往达不到预期效果。

3.1.2 施工现场应配备专用送桩器，不得以工程用桩代替送桩器。

【条文说明】

静压桩与锤击桩均有各自的专用送桩器，而静压桩在正常压桩时与复压时所用的送桩器也有所不同，在正常压桩时底部一般不设套筒，但复压时应采用端部设有套筒的送桩器，施工时应注意选用。以往有一些静压桩工地，将工程用桩代替送桩器，施工之后，桩身出现破损现象，但仍将这节桩当作工程桩使用，留下了工程质量事故隐患。

3.1.3 上部两节桩所用预应力管桩的内腔沉浆矢高不宜大于15mm。

【条文说明】

预应力管桩内腔的沉浆矢高过大（图27），将影响安放连接承台的钢筋笼或可能影响对缺陷桩的处理。

图27　预应力混凝土管桩内腔沉浆矢高过大示例

3.1.4 焊接接桩应符合下列规定：

1 施工开始前，应进行焊接工艺试验，并应符合下列规定：

1）通过工艺试验确定预热温度、焊接电流、焊嘴倾角、施焊方式、移动速度和每道焊缝所需的施焊时间等参数；

2）对于存在饱和软土层的场地，应选取工艺试验桩进行单桩竖向抗拔载荷试验。试验荷载由设计单位确定，宜取桩身轴心受拉承载力极限值的 0.9 倍；试验时不应在焊缝连接处发生破坏；载荷试验桩数量不宜少于 2 根，当工程总桩数小于 100 根时，载荷试验桩数量不应少于 1 根；

3）根据载荷试验结果编制焊接工艺作业指导书。

2 上、下节桩接头端板坡口应洁净、干燥，且焊接处应刷至露出金属光泽。

3 焊缝应饱满连续，并应与坡口母材充分熔合。

4 桩接头焊好后应进行外观检查，检查合格后必须经自然冷却，方可涂刷防腐漆（设计有要求时）或继续沉桩，自然冷却时间应不少于 5min；严禁浇水冷却。

【条文说明】

对本条说明如下：

1 目前对预应力管桩接头焊缝的质量控制和质量验收，普遍强调焊缝饱满连续，而忽视了焊缝与坡口母材是否充分熔合；工程实践证明，熔合问题又恰恰是影响接头质量的关键因素。通过对某工程的静载试验接头破坏桩拔起后发现，接头破坏特征表现为焊缝与端板坡口接触面断裂，表明焊缝与母材没有充分熔合，如图 28 所示。

导致焊缝与母材没有充分熔合的主要原因有：一是焊接电流不足；二是施焊时焊嘴倾角不合理；三是端板母材与桩身混凝土组成体积较大的散热体，散热速度过快，端板坡口温度难以达到熔点。因此，本指引要求通过工艺试验来确定焊接参数，施焊过程应密切关注电弧的燃烧状况及母材金属与熔敷金属的熔合情况，必要时应对母材进行预热处理。

图 28　上节桩拔起后接头处的破坏形态

对于存在饱和软土层的场地，由于挤土效应明显，容易导致土体隆起、基桩上浮，故应选取工艺试验桩进行单桩竖向抗拔载荷试验，试验荷载可由广东省标准《锤击式预应力混凝土管桩工程技术规程》DBJ/T 15−22−2021 附录 B 提供的桩身轴心受拉承载力设计值换算成极限值再乘以 0.9 后得出（根据《锤击式预应力混凝土管桩工程技术规程》DBJ/T 15−22−2021 附录 B，桩身轴心受拉承载力设计值：PHC400AB95 桩为 536kN、PHC500AB125 桩为 918kN、PHC600AB130 桩为 1224kN）。

管桩的竖向抗拔承载能力除取决于桩侧土抗拔摩阻力外，还应考虑桩身抗裂性能、预应力钢棒抗拉强度、端板孔口抗剪强度、接桩连接强度、桩顶填芯混凝土与承台连接处强度等因素，其中最薄弱的是桩身抗裂性能和端板孔口抗剪强度，其结果较为接近，均为焊缝接桩连接强度验算结果的 1/5～1/4（PHC600AB130 桩约为 1/4，PHC400AB95 桩约为 1/5）。因此，当焊缝饱满连续并与母材充分熔合时，单桩竖向抗拔载荷试验时不应在焊缝连接处发生破坏。

2 高温的焊缝遇到地下水，类似于淬火过程，焊缝金相组织发生改变，材质变脆，施工时容易被打裂。为避免出现淬火，焊缝必须经自然冷却后方可继续沉桩，设计有要求涂刷防腐漆时，也应经自然冷却后方可涂刷。

根据金属冶炼知识可知，焊缝温度降至350℃以下后，焊缝金相组织处于稳定状态，不会因快速冷却而改变。因此，可以将焊缝温度降至350℃所需的时间作为确定自然冷却时间的控制基准。

珠海市质监站对预应力混凝土管桩接头焊缝表面温度随时间的变化规律进行了现场实测研究。现场基本情况如下：天气多云，东风2～3级，气温27℃，相对湿度85%；管桩直径600mm，壁厚130mm，端头板厚度20mm，坡口径向深度15mm，最大高度5mm；采用二氧化碳气体保护焊，3台焊机对称施焊；焊接完成后立即采用红外线测温仪测量焊缝表面温度，每隔10秒测读1次，根据实测数据得出如图29所示的焊缝表面温度随时间的变化曲线，典型时间点对应的焊缝表面温度实测值如表12所示。

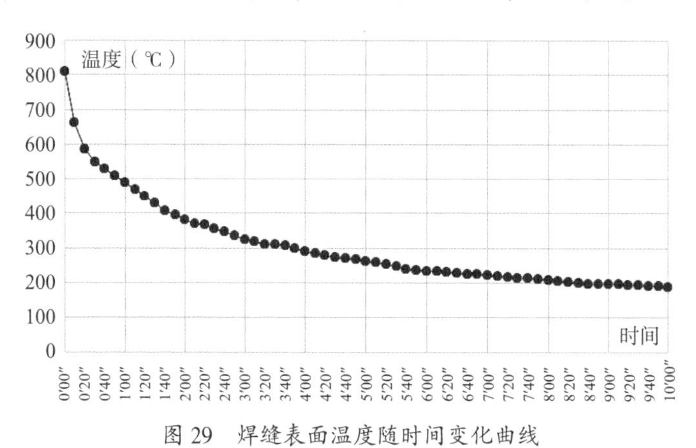

图29　焊缝表面温度随时间变化曲线

表12　典型时间点对应的焊缝表面温度实测值

时间	0′00″	0′10″	0′20″	0′30″	1′00″	2′00″	3′00″	5′00″	8′00″	10′00″
温度（℃）	810	653	586	549	490	380	325	262	208	190

由图 29 和表 12 可见，自然冷却时间 3min 时，焊缝表面温度已降到了 325℃，小于 350℃，但考虑到表面温度与内部温度存在差异，桩径和壁厚不同散热效果也不同，以及气候环境、操作方法存在波动等因素，本指引规定自然冷却时间应不少于 5min。

3.1.5 静压桩施工终压标准应根据桩长、桩径、地质条件、试验桩静载试验结果、设计承载力特征值等因素并结合类似工程经验综合确定；无类似工程经验时，可参考表 3.1.5 确定。

表 3.1.5 静压桩施工终压标准控制参考表

桩入土深度 L（m）	终压力 P_{ze}	终压次数
$6 \leqslant L \leqslant 9$	$2.5R_a \sim 5.0R_a$	3～5
$9 < L \leqslant 16$	$2.0R_a \sim 3.0R_a$	3
$16 < L \leqslant 30$	$1.2R_a \sim 2.5R_a$	2～3
> 30	$1.0R_a \sim 2.2R_a$	1～2

注：1 表中 R_a 为设计承载力特征值；
2 L 较小、桩径较大时，P_{ze} 取较大值；
3 土层分布上下不均匀时，P_{ze} 取较大值；
4 计算负摩阻力较大时，P_{ze} 取较大值；
5 当 $P_{ze} < R_a$ 时，应以桩长控制为主或通过现场静载试验验证。

【条文说明】

尽管相关规范对终压标准的控制已有详细规定，但在工程实践中，仍经常出现以下两种异常现象：一是某些静压桩工程，尽管桩长已达到甚至远超设计要求，但由于施工压桩力未达到特征值的 2 倍，仍继续施压，造成不必要的浪费；二是在另外一些工程中，为了穿越厚砂层或为了使短桩的承载力达到一个较高的设计值而增大压桩力，结果将桩身夹裂，或使桩头产生竖向裂缝，但静载试验结果却仍未能满足设计要求。因此，确定一个合理的终压标准至关重要。

静压桩施工终压标准包括终压力、终压次数和稳压时间，而其中终压力无疑是最重要的一个指标。珠海市质监站曾根据珠海地区静压桩工程的一些典型实例，对施工终压力与单桩极限承载力的关系问题做过统计分析，见表13。

表13　静压桩施工终压力与单桩极限承载力的关系

工程号	桩号（号）	桩长（m）	施工终压力P_{ze}（kN）	桩端持力层	单桩极限承载力（kN）		Q_u/P_{ze}
					根据土层参数计算的结果Q_{uk}	静载试验结果Q_u	
A	9	18.1	1664	含黏性土砾砂	1055	≥1400	≥0.84
	132	27.3	1792	砾质黏性土	1762	≥1400	≥0.78
	212	19.3	256	含黏性土砾砂	1128	1250	4.88
B	66	21.0	2808	残积土	1882	≥2200	≥0.78
	141	22.0	936	残积土	1924	≥2200	≥2.35
	5	7.2	2808	坡洪积土	647	≥1600	≥0.57
C	54	20.7	1440	残积土	1705	≥2200	≥1.53
	128	16.0	2450	坡洪积土	1309	≥2200	≥0.90
	138	25.0	1730	残积土	2205	≥2200	≥1.27
D	6	9.0	3000	中砂	703	≥2400	≥0.8
	128	6.5	3000	中砂	477	1900	0.63
	132	6.1	3000	中砂	439	1200	0.4
E	19	6.0	1800	中砂	628	1400	0.78
	20	6.0	1800	中砂	628	1600	0.89
	140	6.3	1800	中砂	650	≥1400	≥0.78
	170	6.3	1800	中砂	650	≥1400	≥0.78
F	93	10.3	5450	砾质黏性土	1758	4320	0.79
	150	11.5	5450	砾质黏性土	1906	3780	0.69
	207	13.8	5450	砾质黏性土	2164	4860	0.89

续表 13

工程号	桩号（号）	桩长（m）	施工终压力P_{ze}（kN）	桩端持力层	单桩极限承载力（kN）		Q_u/P_{ze}
					根据土层参数计算的结果Q_{uk}	静载试验结果Q_u	
G	53	44.0	6580	强风化花岗岩	8397	≥6490	≥0.99
	97	42.0	6580	强风化花岗岩	7832	≥6490	≥0.99
	153	44.5	6580	强风化花岗岩	8604	≥6490	≥0.99
	213	46.8	6580	强风化花岗岩	9226	≥6490	≥0.99
	408	51.0	6643	强风化花岗岩	9926	≥6490	≥0.98

对于桩长较长、桩端落在黏性土层的桩，由于压桩过程导致土体结构局部破坏、土体强度不同程度降低，而施工结束后，随着超静孔隙水压力的消散和有效应力逐步增大，土层对桩的阻力特别是摩阻力将逐步增大。因此，其单桩极限承载力将会大于施工终压力，如A工程的212号桩，单桩极限承载力与施工终压力之比（Q_u/P_{ze}）达到4.88。当桩周土和桩端土均为黏性土时，Q_u/P_{ze}大于4.88的情况并不罕见。对于这种情况，终压力可取表3.1.5中的较小值，或以桩长控制为主，终压力作参考。

但对于桩长较短、桩端落在密实砂层或硬土层的桩，尽管施工结束后，随着超静孔隙水压力的消散，土层对桩的阻力也会逐步增大，但由于压桩力刚卸除的瞬间，集中于桩端的施工超静孔隙水压力会对基桩产生上抬的作用，使桩端部出现回弹现象；另外，邻桩施工时所产生的挤土效应也会对基桩产生上抬作用，从而使桩端阻力下降，由于短桩中端阻力占总阻力的比例高于长桩，因此短桩的这种挤土效应对承载力的影响相较于长桩更为明显。最终可能造成单桩极限承载力小于施工终压力，如D工程的132号桩，两者比值仅为0.4。这也提示我们，对于存在这种地质情况的短桩工程，设计单桩竖向承载力特征值不宜取得过高，以免施工时终压力值超过桩身抱压允许压桩力（$P_{j\max}=0.95f_cA$），造成桩身混凝土和压桩机液压部件的损坏。

另外一个有意义的现象是，表13中参加统计的24根桩的单桩静载试验结果的极限承载力一般都大于根据土层参数计算的极限承载力（除部分桩静载试验未加荷至极限状态外），根据珠海市质监站所作的更大样本的统计分析，前者的平均值约为后者平均值的1.5倍，范围值约为0.9～2.5倍，极个别短桩甚至接近4倍。因此，在确定终压力时，还可参照土层参数计算法的结果进行综合考虑。如果根据土层参数计算的极限承载力已达到设计要求的极限承载力时，尽管施工压力较小，也可考虑终压；但如果根据土层参数计算的极限承载力远未达到设计要求的极限承载力，此时尽管施工压力已很大，但其最终的极限承载力仍有可能达不到设计要求，这种情况在短桩工程中较为常见，此时可考虑减小设计承载力，如E工程中通过19号、20号桩的静载试验结果，将设计要求的单桩极限承载力从原来的1800kN变更为1400kN。另外，对于桩端持力层为砂层的短桩，也可考虑在施工结束并停歇一段时间后，对基桩进行复压，以减小基桩挤土上抬而使端阻力下降的影响；有工程实例表明，停歇1天后，以施工终压力的压力值进行复压，其压入量可达100～200mm。

终压次数和稳压时间是终压标准的另外两个重要控制指标。终压次数一般不宜超过3次，只有当桩的入土深度小于9m时，终压次数才可增至3～5次；稳压时间也不宜太长，一般应控制在3～5s。通过增加终压次数或延长稳压时间来提高静压桩的承载力，是一种得不偿失的做法。大量的工程实践表明，终压次数太多或稳压时间太长，承载力并没有太大的增长，反而容易引起桩身和压桩机的损坏。

3.1.6 对于静压桩工程，如场地存在难以穿透的硬夹层时，可采取下列一种或几种技术措施：

1 预钻孔辅助沉桩。

2 采用开口型或锥型等穿透能力较强的桩尖。

3 加大静压桩机配重。

4 补充地质勘察，摸清硬夹层和软弱下卧层的详细情况。

5 降低设计单桩承载力。

6 将静压法施工改为锤击法施工。

【条文说明】

由于静压法施工的穿透能力较差，有时遇到硬夹层时，尽管施工压力已很大，桩也无法继续压到设计桩长，造成同一个工程的基桩其桩端落在不同的持力层上，桩长相差也很大，实践中曾遇到过水平距离仅有 1m 多的同一承台内的基桩的桩长相差 1 倍多，数值相差达到 25m。在这种情况下尽管有时其单桩静载试验的结果可以满足设计要求，但仍需慎重对待，因为其永久受力性能和抗动力性能均缺乏深入研究。如处理不当，可能导致两种后果：一是较薄的持力层因冲剪破坏而使桩基整体失稳；二是因软下卧层的变形而使桩基沉降过大。

《建筑桩基技术规范》JGJ 94-2008 第 3.3.3 条规定：当存在软弱下卧层时，桩端以下硬持力层厚度不宜小于 $3d$（其中 d 为圆桩设计直径或方桩设计边长）。但实践中这一规定较难把握，因硬夹层的厚度不易确定。对此，本指引给出了可供选用的一系列技术措施。

预钻孔辅助沉桩（又称为引孔压桩法）是一项常用的技术措施，引孔直径一般不宜超过桩直径的 0.9 倍，也有与压桩直径一致的，主要由现场的土质情况、桩径大小、布桩密集程度等因素而定。一般情况下，引孔深度不宜超过 12m，主要是因为引孔太深，孔的垂直度偏差不易控制，一旦引孔偏斜，静压桩沿着孔壁下沉时容易发生桩身折断事故。引孔处于地下水位以下时，孔内易积水，应采用开口型桩尖，否则，压桩时孔内积水难以消散，影响桩端承载力的发挥。

3.1.7 锤击式预应力混凝土管桩工程收锤标准应根据桩长、桩径、地质条件、试验桩静载试验结果、设计承载力特征值、锤型及其性能等因素并结合类似工程经验综合确定，必要时可进行高应变打桩监测。桩尖标高和最后贯入度的控制应符合下列规定：

1 桩尖位于坚硬、硬塑的黏性土、中密以上砂土或风化岩等土层时，以贯入度指标控制为主，桩尖标高为辅。

2 桩尖位于一般黏性土层时，以桩尖标高控制为主，贯入度指标为辅。

【条文说明】

在锤击桩收锤实践中，设计人员出于安全考虑，习惯采用贯入度和桩长（桩尖标高）双控的方式确定收锤标准，导致经常出现以下两类长期困扰各方责任主体的典型场景：一是在长桩工程中，贯入度控制指标常常定得过于严格［如：规范要求每阵（即10击）的贯入度不宜小于20mm，工程实践中往往以20mm/阵或30mm/阵定值控制］，导致桩长已超过预估桩长、但实测贯入度仍达不到设计控制值，俗称“收不了锤”，为了达到预估贯入度，最终造成桩长超长过多或桩身损伤的现象；二是在某些土质较好的短桩工程中，实际贯入度已小于预估控制值，但桩长仍小于预估桩长，俗称“打不下去”，于是一味地调小贯入度控制值甚至贯入度接近于零，造成大面积出现桩身损伤现象。

实际上，珠海市质监站通过分析大量的工程实例发现，当桩长超过设计预计桩长后，贯入度控制指标可以适度放宽。

实例一，某工程采用 ϕ300 预应力混凝土管桩，单桩承载力特征值900kN，设计桩端持力层为强风化花岗岩，有效桩长约20m，贯入度要求30mm/阵；施工时采用D40柴油锤施打，有效桩长已达到22m，但贯入度高达170mm/阵，此时，为避免桩长超出预估太多而造成不必要的浪费，同时又要消除承载力不满足设计要求的顾虑，故先打了若干试验桩，并从中选取3根桩进行单桩静载试验。静载试验结果显示，3根桩的单桩承载力均满足设计要求，且总沉降量均不超过10mm。此后，该工程大面积施工均按这一标准控制。施工结束后的静载试验结果也满足设计要求。该工程至今已安全使用超过25年。

实例二，珠海市质监站在某场地进行课题试验，试验场地地层分布由上至下依次为人工填土约 2.8m 厚、淤泥约 37.9m 厚（层中夹约 1.6m 厚的细砂透镜体）、砂质黏性土约 12.4m 厚、全风化花岗岩约 4.9m 厚和强风化花岗岩。试验采用直径 400mm、壁厚 95mm 的预应力混凝土管桩，共 9 根，采用 D50 型柴油锤打桩机施打，收锤标准以桩长控制，施工参数见表 14。施工结束休止期超过 90 天后开始检测。进行单桩竖向抗压静载试验的桩分别为 1 号、4 号、2 号、5 号、3 号和 9 号桩，其单桩竖向极限承载力分别为 960kN、1040kN、2700kN、≥ 3000kN、≥ 4400kN 和≥ 5200kN，其中 5 号桩因桩头破坏、3 号和 9 号桩因堆载量预计不足而致使试验未达到极限状态，6 根桩均接近或超过根据土层参数计算的结果，但其施工时的最后贯入度远远超过预计范围。

表 14　珠海市质监站某课题试验桩施工参数表

桩号	配桩长度（m）	入土深度（m）	总锤击数（击）	贯入度（mm/10 击）	桩端持力层	单桩极限承载力（kN）	
						计算值	实测值
1号	36	36.5	49	2000	淤泥	980	960
4号			47	2000			1040
7号			60	1600			1289
2号	48	48.5	121	700	砂质黏性土	2735	2700
5号			153	650			≥ 3000
8号			171	600			2809
3号	54	54.5	703	180	全风化花岗岩	4020	≥ 4400
6号			1020	140			—
9号			305	280			≥ 5200

注：表中 7号、8号桩实测值为高应变检测结果，其余实测值均为单桩静载试验结果。

那么，在工程实践中，收锤贯入度究竟该如何控制才比较合理呢？珠海市质监站黄良机通过总结本地区大量工程实例的试验结果并经分析研究后提出如下解决方法：当土层符合本条第1款规定且设计人员缺乏类似工程经验或现场试验数据时，贯入度控制指标可按广东省标准《锤击式预应力混凝土管桩工程技术规程》DBJ/T 15-22-2021附录D预估，并根据打桩情况参考下式动态修正：

$$e=\left(\frac{R_a^j}{R_a}\right)^3 e_0 \tag{5}$$

式中 e——修正后的最后三阵每阵贯入度控制指标（mm/阵）；

R_a^j——计算单桩承载力特征值（kN）；

R_a——设计单桩承载力特征值（kN）；

e_0——根据规范预计的最后三阵每阵贯入度控制指标（mm/阵）。

当 $R_a^j > 1.5R_a$，但实测贯入度仍大于修正公式的计算结果时，宜采取以桩尖标高控制、补充勘察或现场静载试验验证等措施。

当实测贯入度小于5mm/阵，但 $R_a^j < 0.65R_a$ 时，宜选用更高规格打桩锤、降低设计单桩承载力取值或通过现场静载试验验证等。

上述贯入度动态修正公式的基本思路是：根据本地区多年的静载试验统计结果（剔除因桩身缺陷导致承载力不足的数据），预应力管桩单桩竖向抗压极限承载力实测值一般为计算值的0.9～2.5倍，极个别短桩接近4倍，平均值约为1.5倍；基于这一现象，可将设计预计贯入度控制值 e_0 作为基数，施工时根据实际桩长的偏差情况（公式中体现为计算承载力的偏差）进行动态修正，将目前工程实践中常用的贯入度定值控制法变为动态修正法。

下面通过两个算例来分别说明修正公式在上述“收不了锤”和“打不下去”两种典型场景下的应用方法。

算例一，桩径600mm，设计桩端持力层为强风化花岗岩，设计单桩承载力特征值为2800kN，设计要求最后贯入度控制值 e_0 为20mm/阵；施工时，桩长已达到了预计桩长，但实测贯入度为50mm/阵，未能达到控制值。此时可尝试继续施打，增加桩长0.5m，计算单桩承载力特征值 R_a^j 相应增加，按算式估算，结果是最后贯入度控制值为22.5mm/阵，但此时实测贯入度为40mm/阵，仍未能达到控制值；继续施打，再增加桩长0.5m，按算式估算，结果是最后贯入度控制值可修正至25.2mm/阵，此时实测贯入度为35mm/阵，仍未能达到控制值；继续施打，再增加桩长1m（共增加2m），按算式估算，结果是最后贯入度控制值可修正至31.3mm/阵，此时实测贯入度为30mm/阵，满足修正后的控制值要求，可以收锤。从上述算例分析可见，随着进入持力层的深度加大，实际桩长超过预计桩长越多，计算单桩承载力特征值R_a^j也将超过设计单桩承载力特征值R_a越大，此时贯入度控制标准可越大，这一做法可以称为“以桩长换贯入度”模式。

算例二，桩径600mm，设计桩端持力层为强风化花岗岩，设计单桩承载力特征值为2800kN，预估桩长为10m，设计要求最后贯入度不小于20mm/阵。施工时，桩长为6m时实测贯入度已达到20mm/阵，此时计算承载力特征值为1895kN（即$R_a^j=0.68R_a$），按算式估算，最后贯入度控制值应为6.2mm/阵，实测贯入度未达到控制值，尚不能收锤；可尝试继续施打，增加至桩长为7m（$R_a^j=0.76R_a$），再按算式估算，最后贯入度控制值为8.7mm/阵，此时实测贯入度为15mm/阵，仍不能收锤；可尝试继续施打，增加至桩长为8m（$R_a^j=0.84R_a$），再按算式估算，最后贯入度控制值为11.8mm/阵，此时实测贯入度为8mm/阵，小于修正后的控制值，满足要求，可以收锤。可见，尽管此时桩长未达到设计要求，但贯入度达到比最初预估值更严格的控制值后，也可以收锤，这一做法可以称为“以贯入度换桩长”模式。

对于算例二的情形，为避免过度施打损伤桩身或接头，实测贯入度不宜小于5mm/阵。

3.1.8 在饱和软黏土场地或布桩较密集的工程，打（压）桩时应对先期沉入的基桩进行桩顶标高监测，并及时记录监测结果。对出现上浮的桩，宜采用动测（桩径大于500mm时，采用高应变法）、孔内摄像或静载试验等方法查明接头情况。必要时应复打（压）；对需要复打（压）的桩，送桩深度不宜大于1m。

【条文说明】

因挤土效应使基桩上浮的现象在本地区饱和土区域普遍存在，其产生的最突出的危害是：在多接头的长桩中，由于接头焊接质量不佳等，后续桩施工产生挤土效应致使土体上浮时，上部一节桩（或二节）接头被拉裂并跟随土体上浮，造成桩的承载力远远低于设计要求。这一危害应引起高度重视。

案例一，地层分布由上至下依次为人工填土（厚度约2.5m）、淤泥、黏土、淤泥质土、中砂、粗砂、砾质黏性土、全风化花岗岩和强风化花岗岩，填土层以下土层均处于饱和状态，桩基采用Φ600预应力混凝土管桩，设计竖向抗压承载力特征值为2900kN，锤击法施工（HHP16液压锤），施工参数见表15。施工结束后验收检测时，D-225号桩单桩竖向抗压静载试验在施加第1级荷载（即1160kN）的过程中，桩顶持续急剧沉降，加载至30min时本级累计沉降达82.12mm，仍未能稳定，终止试验，该桩抗压极限承载力小于1160kN；D-61号桩单桩竖向抗拔静载试验加载至384kN时，上拔量为5.49mm，上拔量不大，加下一级荷载480kN时，累计上拔量增大至72.52mm，U-δ 曲线出现明显陡升段，而且上拔量不断加大，荷载无法维持，该桩抗拔极限承载力取384kN。对比根据土层参数估算的桩身侧阻力极限值，D-61号桩的实测结果仅相当于上部一节桩的侧阻力，D-225号桩的实测结果小于上部二节桩的侧阻力。

表15 上浮桩施工参数及检测结果表

工程名称	桩号	入土深度（m）	总锤击数（击）	贯入度（mm/10击）	桩端持力层	单桩极限承载力（kN）		试验方法
						设计要求	实测值	
案例一	D-61号	52	1767	20	强风化花岗岩	960	384	抗拔
	D-225号	48	—	20	全风化花岗岩	5800	<1160	抗压
案例二	F-98号	45	1572	22	粗砂层	5900	1770	抗压
	X-101号	48.1	2385	11	粗砂层	5900	1180	抗压

续表 15

工程名称	桩号	入土深度（m）	总锤击数（击）	贯入度(mm/10击)	桩端持力层	单桩极限承载力（kN）		试验方法
						设计要求	实测值	
案例二	X-256号	51.4	2130	3	粗砂层	5900	1180	抗压
	X-292号	48.8	961	22	全风化花岗岩	1200	720	抗拔
	C-55号	60.9	1658	5	强风化花岗岩	1200	720	抗拔
	C-145号	58.7	2662	17	粗砂层	1200	720	抗拔
	A1-30号	46.6	2078	8	全风化花岗岩	1200	960	抗拔
	NQ-1号	45.8	1072	15	强风化花岗岩	1200	360	抗拔
	NQ-2号	36.7	492	15	强风化花岗岩	1200	360	抗拔

案例二，地层分布上部为素填土（平均厚度约 3.45m）和吹填砂（平均厚度约 4.14m），以下土层与案例一基本相同，桩基采用 Φ600 预应力混凝土管桩，锤击法施工（HHP16 液压锤），施工及设计参数见表 15。施工结束后验收检测时出现了多根桩不合格的现象，破坏特征与案例一类似，其中 X-292 号和 A1-30 号桩试验结束后将上部一节桩整节拔出地面（长度分别为 9.8m 和 7.6m），如图 30 所示，证实是在焊接接头处破坏。

（a）正面

（b）侧面

图 30　抗拔试验桩第一节桩拔出地面后断口处的状况

还需要特别说明的是，案例二共有15根桩进行单桩竖向抗压静载试验，其中有3根不合格，共有30根桩进行单桩竖向抗拔静载试验，其中有6根不合格；抗压结果与抗拔结果的不合格率均达到20%，可谓触目惊心。但根据相关资料，该工程常规的施工质量控制措施相对完善，施工过程举牌验收（焊缝验收+收锤验收）资料齐全，如图31所示，焊缝表观质量具有可追溯性。X-292号和A1-30号桩上部一节桩拔出地面后，观察其焊接接头部位可以发现，其焊缝基本饱满连续，但由于焊缝与坡口母材未充分熔合（详见3.1.4条文说明），在后续桩施工产生的挤土效应作用下，桩周土体隆起，焊缝与坡口之间的结合面处开裂或拉脱，致使上部一节桩（或二节）脱离接口上浮。这说明管桩接头焊缝的质量控制工作不仅应关注焊缝本身是否饱满连续，而更应关注焊缝与母材是否充分熔合。

（a）焊缝完成后举牌验收

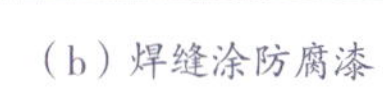

（b）焊缝涂防腐漆

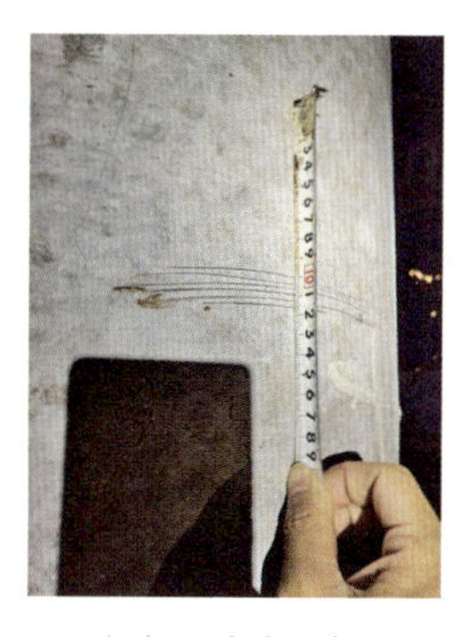

（c）测量贯入度

图31 X-256号桩施工过程质量控制照片

如通过监测发现桩有上浮现象时，宜采用动测、孔内摄像或静载试验等方法查明接头情况。由于案例二基桩直径较大（600mm），根据C-55号桩的高低应变比对试验结果，对于脱空的接头，低应变法无法有效测得接头的缺陷反应（仅测得轻微反应，判为Ⅱ类桩），如图32所示，但高应变法结果可以充分反映接头缺陷情况（结果判为Ⅳ类桩），如图33所示，故本条规定，当桩径大于500mm时，宜采用高应变法查明接头情况。采用孔内摄像可以直观地观察到上浮桩的脱空情况，无论是抗压还是抗拔静载试验都可以根据试验结果，并对比土层承载力参数计算结果推断出脱空的位置。

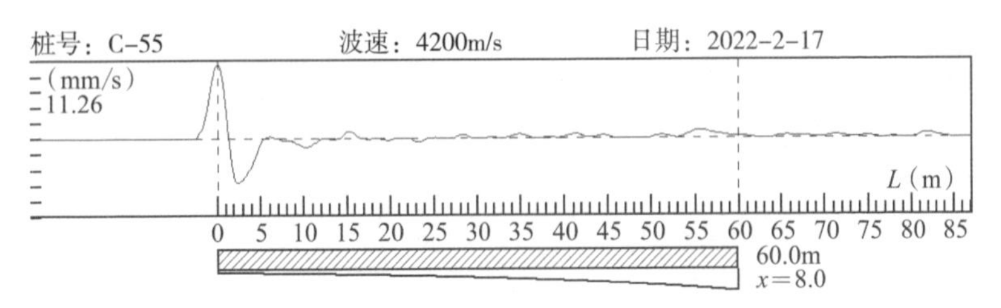

图32 C-55号桩上浮后的低应变实测波形图

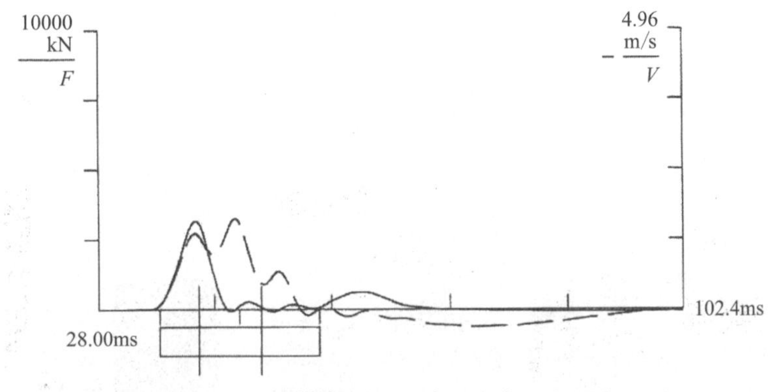

图33 C-55号桩上浮后的高应变实测波形图

对于已上浮的桩，可以采用复打（压）处理。复打（压）之后，对于抗拔桩，可以在桩孔内放置钢筋笼并灌注混凝土至穿过缺陷一定深度，以提高其抗拔承载能力，满足龄期要求后，再进行单桩抗拔静载试验验证。

应根据早期施工桩的上浮监测结果来指导后期桩施工，对于存在上浮现象而需要复打（压）时，后期桩施工的送桩深度不宜太深，否则，复打（压）前挖土太深，操作难度较大。

3.2 检验与检测

3.2.1 预应力混凝土管桩施工过程中，监理单位应对下列工序进行举牌验收，并拍照存档：

1 目视检验每根桩每个接头的焊缝。检验合格并确保自然冷却时间不少于 5min 后才可准予继续沉桩。

2 测量收锤时的最后三阵贯入度。

【条文说明】

本节各条内容是在国家、行业和广东省标准的基础上，借鉴了澳门的相关规定（详见表 16），并结合横琴合作区的实际情况制定而成。

表 16 预应力混凝土管桩原横琴与澳门检验检测规定之比较

检测项目	原横琴做法	澳门做法	备注
焊缝检验	—	目视检验： 所有焊缝的 100% 超声波测试： A 对于受检桩设计为承受压力，则检测频率为所有焊缝的 1%； B 对于受检桩设计为承受拉力，则检测频率为所有焊缝的 6%。 当焊接完成后，在一般情况下，再续打桩应在不少于10min 后进行	由第三方认可机构完成
低应变法	甲级桩基工程，不应少于总桩数的 30%，且不应少于 20 根；其他桩基工程，不应少于总桩数的 20%，且不应少于 10 根。且每个柱下承台检测桩数不应少于 1 根	正常条件下随机抽检不少于总打入桩数的 20%。如若需要，可决定抽检桩数的 50%～100%。 有Ⅲ、Ⅳ类桩时，采用高应变验证	—

续表 16

检测项目	原横琴做法	澳门做法	备注
单桩静载试验	不少于总桩数的 1%，且不得少于 3 根；总桩数少于 50 根时，不得少于 2 根	不少于总打入桩数的 1%，最少 1 根	视工程具体情况选用
高应变法	不少于总桩数的 5%，且不得少于 5 根	正常条件下随机抽检不少于总打入桩数的 3%	

3.2.2 预应力混凝土管桩应采用高应变法同时进行单桩竖向抗压承载力和桩身完整性检测，抽检桩数不应少于总桩数的 10%，且地基基础设计等级为甲级时不应少于 20 根，乙级时不应少于 15 根，丙级时不应少于 10 根。

【条文说明】

根据 2.2.4 和 3.1.8 条文说明可知，单桩静载试验结果可靠性较高，但检测数量偏少，存在着较高的漏检风险；低应变法虽然检测数量较多，但在某些情况下无法充分测得缺陷反应，难以准确判定缺陷的严重程度，存在较高的漏判风险。因此，本指引规定采用高应变法来同时进行单桩竖向抗压承载力和桩身完整性检测，以达到漏检风险低于静载试验而漏判风险又低于低应变法的目的。

本条规定的高应变法抽检比例虽然仅为 10%，低于低应变法，但最少检测数量仍维持在较高水平，其原因是：

根据 2.2.4 条文说明可知，抽样检测难免存在一定的漏检风险，科学合理的检测方案应该是：在检测费用处于当前社会经济发展水平可接受的情况下，尽可能把漏检概率控制在较低的水平；或者说，在漏检概率控制在较低水平不变的情况下，科学合理地确定抽检比例和最少检测数量，以降低整体检测费用。理论上，抽检比例和最少检测数量对漏检概率的影响是不同的，下面我们先讨论抽检数量 n 和总桩数 N 是如何影响漏检概率 P_0 的，结果见表 17。由表 17 可见，当工程不合格率为某一数值时（暂设为 20%），抽检数量 n 对 P_0 有显著的影响，但总桩数 N 对 P_0 的影响很轻微；n/N 即为抽检比例，因此，当抽检数量不变时，抽检比例对漏检概率的影响也很轻微。所以，对最少检测数量的控制，成为确定检测方案的关键。当工程项目总桩数较少时，应满足一定的最少检测数量，尽管此时抽检比例已很大，但这是把漏检概率控制在较低水平所必须付出的经济代价；相反，当工程项目总桩数较多时，不需要太高的抽检比例就已有较高的检测数量了，漏检概率也能控制在很低的水平。本条所规定的抽检比例和最少检测数量，较好地兼顾到了经济性与安全性。

表 17　不合格率为 20% 时，P_0（%）与 n、N 的关系

抽检数量 n（根）	总桩数 N（根）						
	50	100	200	300	500	1000	2000
1	80	80	80	80	80	80	80
2	63.67	63.84	63.92	63.95	63.97	63.98	63.99
3	50.41	50.81	51.01	51.07	51.12	51.16	51.18
4	39.68	40.33	40.65	40.75	40.84	40.90	40.93
5	31.06	31.93	32.35	32.49	32.6	32.69	32.73
6	24.15	25.21	25.72	25.88	26.02	26.12	26.17
8	14.32	15.58	16.18	16.38	16.54	16.66	16.72
9	10.91	12.19	12.81	13.02	13.18	13.30	13.36
10	8.25	9.51	10.13	10.33	10.5	10.62	10.68
13	3.39	4.43	4.96	5.14	5.28	5.39	5.44
15	1.79	2.62	3.06	3.21	3.33	3.43	3.47
20	0.29	0.66	0.89	0.98	1.05	1.10	1.13
25	0.03	0.15	0.25	0.29	0.32	0.35	0.36
30	0.00	0.03	0.07	0.08	0.10	0.11	0.12
50	0.00	0.00	0.00	0.00	0.00	0.00	0.00

当桩基工程不合格率μ发生变化时，情况又如何呢？下面我们以总桩数300根为例，计算在各种不合格率μ情况下不同检测数量时的漏检概率P_0，如表18所示。

表18　总桩数为300根时，P_0（%）与n、μ的关系

抽检数量n（根）	不合格率μ（%）							
	5	10	15	20	25	30	40	50
3	85.69	72.82	61.30	51.07	42.05	34.15	21.46	12.37
5	77.24	58.83	44.11	32.49	23.47	16.57	7.60	3.02
10	59.39	34.28	19.16	10.33	5.35	2.64	0.55	0.08
15	45.45	19.78	8.19	3.21	1.18	0.41	0.04	0.00
20	34.62	11.29	3.45	0.98	0.25	0.06	0.00	0.00
25	26.23	6.38	1.43	0.29	0.05	0.01	0.00	0.00
30	19.78	3.56	0.58	0.08	0.01	0.00	0.00	0.00
50	6.04	0.31	0.01	0.00	0.00	0.00	0.00	0.00

由表18可见，不合格率越高，漏检概率就越低；反之，不合格率越低，漏检概率就越高，如不合格率为5%时，抽检20根时漏检概率达到了34.62%，但由于其不合格率本身较低，即便漏检了，其风险总体仍较低，这也是抽样检测难以避免的风险（毕竟不是全数检测）。

由于抽样检测难以避免漏检风险，因此，更重要的是，应加强施工过程各关键环节的质量控制，比如，第1.0.3条针对土方开挖导致“斜桩断桩”的问题、第3.1.1、3.1.4和3.1.8条针对桩的上浮问题、第3.1.7条针对过度锤击（第3.1.5和3.1.6条针对过度抱压）导致桩身受损的问题等重点、难点问题均提出了具体的质量控制措施，从源头上提高桩基工程质量水平，以降低因抽样检测漏检所带来的风险。

3.2.3　当符合下列条件之一时，除应执行第3.2.2条外，还应采用单桩竖向抗压静载试验进行承载力检测。抽检数量不应少于总桩数的 1%，且不得少于 3 根；当总桩数小于 50 根时，抽检数量不应少于 2 根：

1 地基基础设计等级为甲级和地质条件较为复杂的乙级管桩基础工程。

2 上覆土层为淤泥等软弱土层，其下直接为中风化岩或微风化岩，或中风化岩面上只有较薄的强风化岩。

3 施工过程中产生挤土上浮或偏位的管桩工程。

4 采用“引孔法”施工的管桩工程。

5 第 3.2.2 条高应变法仅用于检测桩身完整性时。

3.2.4 对竖向抗拔承载力或水平承载力有设计要求的预应力混凝土管桩工程，应参照第 2.2.7 条的规定执行。

3.2.5 土方开挖至基底标高后，还应采用低应变法进行桩身完整性检测，检测数量应符合下列规定：

1 抽检数量不应少于总桩数的 20%。

2 每个柱下承台桩身完整性检测桩数不应少于 1 根。

【条文说明】

珠海市质监站曾对本地区多年的低应变法检测结果进行统计分析，发现桩身完整性严重缺陷（即Ⅳ类桩）主要是土方开挖造成的，约占 98.5%。因此，本条规定在土方开挖至基底标高后，还应采用低应变法进行桩身完整性检测。对存在明显倾斜的桩，采用低应变法一般可以有效测得缺陷反应，但也有个别例外的情况，此时宜采用高应变法或孔内摄像法等其他精确度更高的方法进行验证检测。

另外，如仅按第 3.2.2 条规定的检测数量，桩身完整性抽检桩数在一般情况下难以达到行业标准《建筑基桩检测技术规范》JGJ 106 和广东省标准《建筑地基基础检测规范》DBJ/T 15−60 的要求，故引入本条规定加以补充。

本条第 2 款所指的桩身完整性检测桩数为高应变法和低应变法合计检测桩数。

3.2.6 当桩长较短时，预应力管桩检测方案也可按国家、行业或广东省标准执行。

【条文说明】

本地区大量动静对比试验结果显示，当预应力管桩桩长较短（$L \leqslant 16\text{m}$）时，高应变法检测承载力往往偏低，此时采用单桩静载试验检测承载力并结合低应变法检测桩身完整性更为合适。

附录A　横琴合作区地质地貌概况

A. 0. 1　横琴合作区由大、小横琴岛组成，20世纪70年代以围垦造陆的方式将大、小横琴岛连成一体，20世纪90年代初又进行第二次大规模围垦造陆，形成现在横琴合作区的雏形。现在横琴合作区陆地及海域面积约106km^2，其中陆地面积约87km^2。区内地貌类型以滨海平原为主，其次为低山丘陵。区内低山丘陵主要分布在大、小横琴岛，总面积约36km^2，最高峰位于大横琴岛脑背山，海拔高度为457.7m。区内属亚热带季风气候，年平均气温22.5℃，年均降水量2016mm。区内出露地层主要为第四系全新统桂洲群，由万顷沙组、灯笼沙组等组成，主要为淤泥、淤泥质土、粉质黏土、中粗砂和砾砂及风化黏土。区内侵入岩发育，主要为晚侏罗世中粒斑状黑云母二长花岗岩，粗沙环－四塘村一带分布有早白垩世细粒、中细粒斑状黑云母二长花岗岩。区内断裂构造相对发育，主要区域性大断裂有北西向的西江断裂，北东向的马骝洲断裂和三灶断裂，还发育有多组北北东向和北东东向的小型断裂。

A. 0. 2　横琴合作区软土主要由淤泥、淤泥质土组成，层位较稳定，但厚度不等，约10～50m，具有承载力低，受荷载后变形大、时间效应明显等特征，对工程建设十分不利。受三灶断裂和马骝洲断裂两组北东向断裂影响，软土层明显呈线性分布，越靠近断陷处，软土层厚度越大，局部地段可达50m以上。区内软土主要分布在磨刀门水道、马骝洲水道、中心沟等河道两岸，区内软土层仍处于欠固结状态。

A. 0. 3　横琴合作区软土具有含水率高、天然孔隙比大、饱和度高、压缩性大、抗剪强度低等特征，其中淤泥含水率平均值为65.45%，孔隙比平均值为1.78，饱和度平均值为97.7%，压缩模量平均值为 1.69MPa；同时，横琴合作区软土含水率变化范围较大，随着含水率增加，强度及变形指标相应地减小。横琴合作区软土具有如下工程性质：

1 触变性：即当原状土受到扰动后，破坏了结构连接，降低了土的强度或很快地使土变成稀释状态，易产生侧向滑动、沉降及基底形变等现象。

2 流变性：软土除排水固结引起变形外，在剪应力的作用下还会发生缓慢而长期的剪切变形，这对基础的沉降有较大影响，对地基稳定性不利。

3 高压缩性：软土属于高压缩性土，极易因其体积的压缩而使地面和建（构）筑物沉降变形过大。

4 低透水性：因其透水性弱和含水量高，对地基排水固结不利，基础沉降延缓时间长，同时，在加载初期地基中常出现较高的超静孔隙水压力，影响地基强度。

5 低强度和不均匀性：软土分布区地基强度很低，且极易出现不均匀沉降。

附录B 横琴合作区地基岩土层名称

地质年代	土层序号	土层名称	成因类型	状态	包含物及工程特性	分布状况
第四系全新统	①$_1$	素填土	人工	松散	主要由花岗岩风化土、建筑垃圾和块石回填而成	遍布
	①$_2$	冲填土	人工	松散	主要由粉细砂夹少量淤泥质土等组成	局部分布
	②$_1$	淤泥	海陆交互相沉积层	流塑	含腐殖质及贝壳碎屑，局部含少量粉细砂，具高压缩性和触变性	遍布
	②$_2$	黏土	海陆交互相沉积层	可塑	主要组分为黏土，土质较纯，具中等偏低的强度及中等偏高的压缩性	局部分布
	②$_3$	淤泥质土	海陆交互相沉积层	流塑，局部软塑	含腐殖质及贝壳碎屑，具高压缩性和触变性	局部缺失
	②$_4$	粉质黏土	海陆交互相沉积层	可塑	主要组分为黏土，局部含砂量较高，具中等偏低的强度及中等偏高的压缩性	局部分布
	②$_5$	中粗砂	海陆交互相沉积层	稍密～密实	含少量黏粒，具较高的强度及较低的压缩性	局部分布
	②$_6$	砾砂	海陆交互相沉积层	稍密～密实	主要组分为石英质砾砂和粗砂，具较高的强度及较低的压缩性	局部分布

续表

地质年代	土层序号	土层名称	成因类型	状态	包含物及工程特性	分布状况
第四系全新统	③	砂质黏性土	花岗岩原地风化而成	硬塑	具中等强度及中等压缩性	遍布
中生代燕山期	④$_1$	全风化花岗岩	花岗岩原地风化而成	—	具有较高的强度及较小变形，遇水软化，含中风化花岗岩球状风化体	局部缺失
	④$_2$	强风化花岗岩	花岗岩原地风化而成	—	具有较高的强度及较小变形，遇水软化，含中风化花岗岩球状风化体	局部缺失
	④$_3$	中风化花岗岩	花岗岩原地风化而成	—	具有较高的强度及较小变形	遍布
	④$_4$	微风化花岗岩	花岗岩原地风化而成	—	具有较高的强度及较小变形	遍布

附录C　横琴合作区桩基工程质量事故典型案例

C.1　案例一：某冲孔灌注桩工程

C.1.1　工程概况

该工程项目总建筑面积36.45万m^2，1号楼、2号楼高11层，3号楼高15层，地下室均2层。桩基础采用冲孔灌注桩，总桩数1549根，设计桩身混凝土强度等级C40，设计桩端持力层为微风化花岗岩，设计桩长为15～45m，其余设计参数见表C.1.1。

表C.1.1　桩基设计参数表

桩径（mm）	桩数（根）	单桩竖向抗压承载力特征值（kN）	单桩竖向抗拔承载力特征值（kN）
800	596	5200	600～1200
900	21	6800	—
1000	629	8500	800～2000
1200	195	12000	—
1400	69	16000	—
1600	33	21000	—
1800	6	26500	—

C.1.2　地质概况

场地主要地层分布自上而下为：人工填土、淤泥、粉质黏土、淤泥质黏土、砂质黏性土、全风化花岗岩、强风化花岗岩、中风化花岗岩（部分钻孔缺失）、微风化花岗岩，基岩面起伏较大，典型地质剖面图详见图C.1.2。

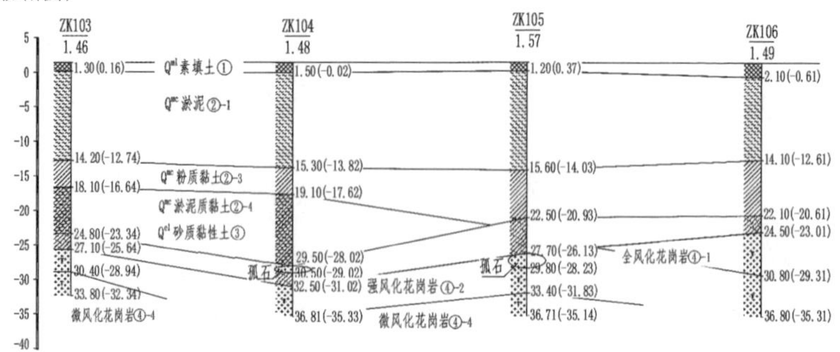

图 C. 1. 2　典型地质剖面图

C. 1. 3　检测结果

该工程基桩采用声波透射法、低应变法、钻芯法及孔内摄像、抗压静载试验及抗拔静载试验等多种方法进行检测；在初检结果不符合设计要求的情况下，还进行了多次扩大检测。检测结果汇总见表 C.1.3-1、表 C.1.3-2。

表 C. 1. 3-1　基桩检测结果统计表

检测方法	检测数量（根）	检测结果	不合格率（%）
声波透射法	678	8 根Ⅲ类桩	1.2
低应变法	834	62 根Ⅲ类桩	7.4
钻芯法（部分钻芯孔经孔内摄像验证）	186	71 根不符合设计要求	38.2
抗压静载试验	12	5 根不符合设计要求	41.7
抗拔静载试验	12	1 根不符合设计要求	8.3

表 C. 1. 3-2　典型不合格桩检测结果表

检测方法	典型桩号	检测结果描述
声波透射法	824号	3.6m 左右明显异常，Ⅲ类桩
低应变法	408号	4.0m 左右明显异常，Ⅲ类桩

续表 C. 1. 3-2

检测方法	典型桩号	检测结果描述
钻芯法	824号	3.6m 芯样裂缝并夹泥，Ⅳ类桩，见图 C.1.3-1
	408号	约 3.7m、4.0m 及 4.4m 存在水平裂缝，Ⅲ类桩，见图 C.1.3-2
	448号	28.94～30.20m 芯样松散，Ⅳ类桩，见图 C.1.3-3
	1518号	芯样夹泥、蜂窝、沟槽，Ⅳ类桩，见图 C.1.3-4
	842号	桩底沉渣 50cm，见图 C.1.3-5
	650号	桩底沉渣 25cm，桩端持力层存在强风化夹层，见图 C.1.3-6
	942号	桩端强风化花岗岩，见图 C.1.3-7
	1030号	桩端持力层存在强风化花岗岩夹层，见图 C.1.3-8
孔内摄像	824号	约 3.6m 存在水平裂缝，见图 C.1.3-1
	408号	约 3.7m、4.0m、4.4m 存在水平裂缝，见图 C.1.3-2
抗压静载试验	802号	极限承载力为 12285kN，未达到设计要求的 17550kN
抗拔静载试验	109号	极限承载力为 1120kN，未达到设计要求的 1400kN

（a）钻芯芯样

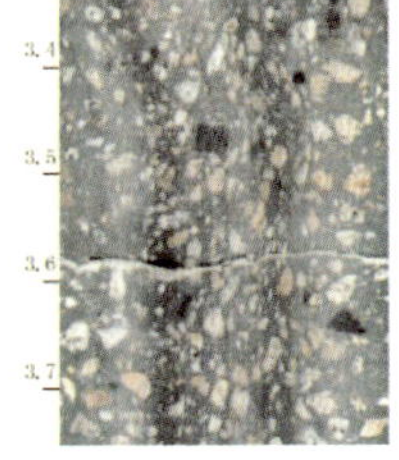

（b）钻芯孔内摄像

图 C. 1. 3-1　824号桩约 3.6m 存在水平裂缝并夹泥

（a）钻芯芯样　　　　（b）钻芯孔内摄像

图 C. 1. 3-2　408号桩约 3.7m、4.0m、4.4m 存在水平裂缝

图 C.1.3-3　448 号桩芯样松散

图C. 1. 3-4　1518号桩芯样夹泥、蜂窝、沟槽

（a）1号孔　　　　（b）2号孔

图 C. 1. 3-5　842 号桩桩底沉渣 50cm

图 C. 1. 3-6　650 号桩桩底沉渣 25cm，桩端持力层存在强风化夹层

图 C.1.3-7　942 号桩桩端强风化花岗岩

图 C.1.3-8　1030 号桩持力层存在强风化夹层

C.1.4 述评

本案例采用传统的施工工艺，出现典型的质量缺陷。主要原因为：地质情况未探明、泥浆指标未测定、埋管深度未测量、孔底清渣不认真、坍落度控制不严格；对策至简，还是“老办法”：学好规范、抓好落实。

C.2 案例二：某旋挖成孔灌注桩工程

C.2.1 工程概况

该项目为地下2层、地上16层的公用建筑，最大高度69.6m，裙房3层，高度24m。桩基础采用旋挖成孔灌注桩，总桩数2051根（不含支护桩和桥梁桩）。桩端持力层为粗砾砂层，层厚20～35m，设计采用桩端和持力层桩侧后注浆工艺，桩身混凝土设计强度等级C40，桩基设计参数见表C.2.1。

表C.2.1 桩基设计参数表

设计参数	后注浆抗压桩1	后注浆抗压桩2	后注浆抗拔桩
桩径（mm）	1000	1000	1000
有效桩长（m）	60	60	60
桩端持力层	粗砾砂	粗砾砂	粗砾砂
单桩承载力特征值（kN）	6500	5300	2200
设计要求静载试验最大试验荷载（kN）	19000	16600	4400
备注	注浆量：桩端2.1t，桩侧0.9t（纯水泥用量）		

C.2.2 地质概况

场地主要地层分布自上而下为：冲填土、淤泥、黏土、淤泥质黏土、黏土、粗砾砂混黏土（部分钻孔缺失）、粗砾砂、砂质黏性土、全风化花岗岩、强风化花岗岩、中风化花岗岩，详见图C.2.2。

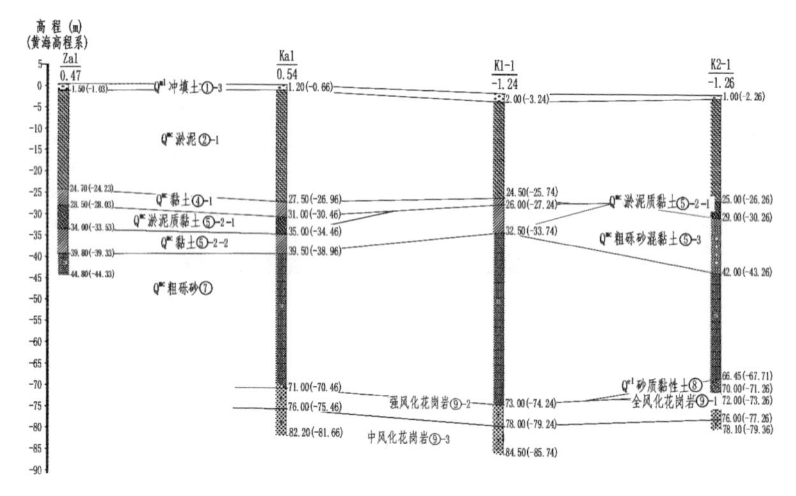

图 C.2.2　典型地质剖面图

C.2.3　检测情况

1　施工前工艺检测

设计选取大厚度的粗砾砂层作为桩端持力层，采用后注浆工艺，施工前进行了3根抗压桩和2根抗拔桩的工艺试验，单桩静载试验结果均满足设计要求。

2　桩身完整性检测

桩身完整性采用全数声波透射法检测，结果均为Ⅰ类或Ⅱ类桩。

3　基坑开挖前承载力检测

工程桩设计桩顶标高位于自然地面以下约10m，由于静载试验在自然地面进行，施工时按试验桩数3倍的数量将132根桩的桩顶施工至地面。

基坑开挖前，建设单位委托检测单位A完成了44根桩的承载力检测，其中单桩竖向抗压静载试验22根，结果有2根桩（GC-906号桩和GC-1728号桩）沉降量偏大，分别为78.10mm和74.35mm，但 *Q-s* 曲线呈缓变形特征，考虑桩身弹性压缩量后，结果可满足设计要求，其余20根桩沉降量均较小，结果满足设计要求；单桩竖向抗拔静载试验22根，结果全部满足设计要求。

由于基桩完整性和承载力检测结果均符合设计要求，故可进行基坑开挖等后续工序施工。但此时责任主体因故发生变更，后续工作由新的总包单位负责实施。

4 基坑开挖后检测单位B的检测

新的总包单位进场进行土方开挖后，发现有多个桩头出现涌水现象，多数注浆管未见注浆痕迹，对基桩质量产生怀疑。经分析研究，决定由总包单位委托检测单位B进行单桩竖向抗压静载试验抽检。抽检数量为4根，结果有2根桩不满足设计要求。

不满足设计要求的桩为GC-843号和GC-1771号桩，单桩竖向抗压极限承载力结果分别为7600kN和12870kN，与设计要求的19000kN相差甚远。

5 基坑开挖后检测单位C的检测

鉴于前2次静载试验结果的不合格率存在较大差异，经研究决定由建设单位委托检测单位C进行单桩竖向抗压静载试验，抽检数量为5根，结果5根桩均不满足设计要求。

5根桩单桩竖向抗压极限承载力分别为：9500kN、5700kN、3800kN、7600kN、13300kN。

单桩竖向抗压静载试验不合格情况见表C.2.3。

表C.2.3 单桩竖向抗压静载试验不合格情况汇总表

检测单位	不合格率（%）	不合格桩号（号）	不合格桩单桩极限承载力（kN）	
			设计要求	检测结果
检测单位A	0	—	—	—
检测单位B	50	GC-843	19000	7600
		GC-1771	19000	12870
检测单位C	100	GC-842	19000	9500
		GC-1276	19000	5700

续表 C. 2. 3

检测单位	不合格率（%）	不合格桩号（号）	不合格桩单桩极限承载力（kN）	
			设计要求	检测结果
检测单位 C	100	GC-1357	19000	3800
		GC-1359	19000	7600
		GC-1578	19000	13300

C. 2. 4 述评

检测单位 A 的静载试验工作是在基坑开挖前的自然地面上进行的，其检测桩号从施工预留至地面的桩中选取；检测单位 B 和 C 的静载试验工作是在基坑开挖后的设计桩顶标高附近进行的，其检测桩号随机选取。前后两个阶段的检测结果差异明显，前一阶段单桩竖向抗压静载试验 22 根，结果均满足设计要求；但后一阶段的两次检测共 9 根桩，结果有 7 根不满足设计要求，其极限承载力离散性极大，且总体偏低，平均值仅为设计要求的 58%，最低值仅达到设计要求的 20%。究其原因，主要是后注浆工艺的质量控制不稳定，预留至地面用于静载试验的桩，其注浆质量控制较好；但对于其余桩，其注浆质量控制不严，甚至有很多桩未实施注浆，导致基坑开挖后随机抽检的桩不合格率极高。本案例表明：诚信建设，任重道远；破解之要，在于制约。

C. 3 案例三：某旋挖成孔灌注桩和冲孔灌注桩工程

C. 3. 1 工程概况

该项目由 1 栋塔楼、裙楼和地下室组成，总建筑面积约 8.3 万 m^2，塔楼 31 层，地下室 4 层，基坑深度约 18m。桩基工程采用旋挖成孔灌注桩和冲孔灌注桩，共 124 根，有效桩长 50～60m。

C. 3. 2 检测方案

塔楼共有 26 根桩，桩径为 2400mm 和 2600mm，单桩竖向抗压承载力特征值分别为 47000kN 和 56000kN。检测方案为：声波透射法 26 根，全桩长钻芯法 10 根。

裙楼和地下室共有 98 根桩，桩径为 1200mm 和 1400mm，单桩竖向抗压承载力特征值分别为 11500kN 和 16000kN，单桩竖向抗拔承载力特征值分别为 2000kN 和 4000kN。检测方案为：声波透射法 98 根，预埋管钻芯法 10 根，单桩竖向抗压静载试验 3 根，单桩竖向抗拔静载试验 3 根。

C. 3. 3 检测结果

塔楼：声波透射法检测结果显示Ⅳ类桩 9 根，Ⅲ类桩 4 根，其余为Ⅰ、Ⅱ类桩；钻芯法检测结果显示Ⅳ类桩 5 根，其余为Ⅰ、Ⅱ类桩，沉渣厚度不符合设计要求 1 根（沉渣厚度 9cm），桩端持力层和桩身混凝土强度均符合设计要求。钻芯法检测结果为Ⅳ类的桩，其缺陷有 1 根为芯样夹泥，有 4 根为钻孔涌砂，无法继续钻进。

裙楼和地下室：声波透射法检测结果显示Ⅳ类桩 2 根，Ⅲ类桩 11 根，其余为Ⅰ、Ⅱ类桩；预埋管钻芯法检测结果显示沉渣厚度不符合设计要求的有 2 根（沉渣厚度分别为 22cm 和 45cm），桩端持力层均符合设计要求。静载试验检测结果均符合设计要求。

C. 3. 4 后续处理思路

根据检测结果，该项目基桩质量存在的主要问题是部分桩桩身完整性和沉渣厚度不符合设计要求，后续的扩大检测和工程处理可按以下思路进行：

1 采用钻芯法对声波透射法检测结果为Ⅳ和Ⅲ类的桩做进一步检测，以查明其缺陷的性质；

2 对沉渣厚度不符合设计要求的桩，分析其分布规律和产生原因，采用钻芯法扩大检测；如属于普遍性问题，则应对未钻芯的桩全数进行钻芯法检测；

3 根据所有的检测结果，由工程质量各方责任主体共同确定处理方案，再由设计单位进行设计计算并出具工程处理设计文件。

C.3.5 述评

本案例总桩数124根，桩身完整性采用声波透射法全数检测，每根桩的质量状况均有明确结论；但桩底沉渣厚度采用钻芯法抽样检测20根，结果有3根桩沉渣厚度不符合设计要求，分别为9cm、22cm和45cm。由此引发出来的问题是，其余104根桩的沉渣厚度如何排查？一般情况下，应对其全数钻芯检测，否则将有漏检风险。但由于未预埋钻芯管，裙楼和地下室部分的桩长径比较大，全桩长钻芯容易偏出桩身、难以钻到桩底，在技术上存在无法彻底排查出所有不合格桩的风险。所以，本指引第2章关于“对端承型灌注桩，应全数预埋钻芯管，采用钻芯法检测桩底沉渣和桩端持力层”的规定具有很强的现实意义。

C.4 案例四：某冲孔灌注桩工程

C.4.1 工程概况

该项目总建筑面积约19万m^2，包括3幢塔楼及其裙房，地上41层，地下2层。桩基础采用冲孔灌注桩，桩径1000mm、1200mm、1500mm、2000mm、2200mm，桩长约34～58m，桩身混凝土设计强度等级为C40，设计桩端持力层为中风化花岗岩，单桩竖向抗压承载力特征值分别为6800kN、9800kN、15000kN、22000kN、27000kN。总桩数620根，分4个检验批，其中第1检验批210根，包括1幢塔楼49根，裙楼161根，本案例仅分析第1检验批的情况。

C.4.2 检测结果及其存在的问题

该检验批单桩竖向抗压和抗拔静载试验各3根，结果均满足设计要求。

完整性检测采用声波透射法和钻芯法，结果部分桩存在两种方法结论不一致的情况，详见表C.4.2。钻芯结果缺陷情况如图C.4.2所示。

表 C.4.2　完整性检测结果对比

桩号	声波透射法		钻芯法	
	桩身主要缺陷描述	完整性类别	桩身主要缺陷描述	完整性类别
1-24 号	检测范围内桩身完整	Ⅰ类	3 号孔（共 4 个钻芯孔）在 23.95～24.20m 处桩身混凝土芯样破碎	Ⅲ类
1-26 号	AB 剖面 6.20～7.40m，BC、BD 剖面 4.00～5.40m 有轻微异常	Ⅱ类	3 号孔（共 4 个钻芯孔）在 19.80～23.10m 和 26.04～27.70m 处桩身混凝土芯样破碎	Ⅳ类
121 号	AC 剖面 2.4～2.9m，BC 剖面 2.2～2.9m 有明显缺陷	Ⅲ类	3 号孔（共 4 个钻芯孔）在 2.5～2.7m 处桩身混凝土芯样夹泥	Ⅳ类
138 号	桩身完整	Ⅰ类	4 号孔（共 4 个钻芯孔）在 32.00～32.25m 处桩身混凝土芯样破碎	Ⅲ类

（a）1-24 号桩 3 号孔芯样

（b）1-26 号桩 3 号孔芯样

（c）121 号桩 3 号孔芯样

（d）138 号桩 4 号孔芯样

图 C.4.2　钻芯法检测缺陷情况

C.4.3　综合评估结果

由于上述 4 根桩声波透射法和钻芯法结论不一致，为进一步查明缺陷的分布范围，采用了声波透射法精细化复测并进行综合评估，结果如下：1-24号桩精细化复测，1-2剖面、2-B剖面、B-4剖面、4-1剖面检测范围内均无明显异常，该桩缺陷可锁定在1-2-B-4-1围合范围内，见图C.4.3（a），现场测得1-2长0.53m，2-B长1.00m，B-4长1.36m，4-1长0.53m，计算得围合面积约0.479m^2，该桩直径为2m，缺陷面积占受检桩全断面面积的比例小于15.3%，综合评估结论为基本完整；1-26号桩精细化复测，1-4剖面、4-C剖面、C-D剖面、D-1剖面检测范围内均无明显异常，该桩缺陷可锁定在1-4-C-D-1围合范围内，见图C.4.3（b），现场测得1-4长0.71m，4-C长1.05m，C-D长1.27m，D-1长0.70m，计算得围合面积约0.508m^2，该桩直径为2.2m，缺陷面积占受检桩全断面面积的比例小于13.4%，综合评估结论为基本完整；121号和138号桩以此类推，结果见表C.4.3。

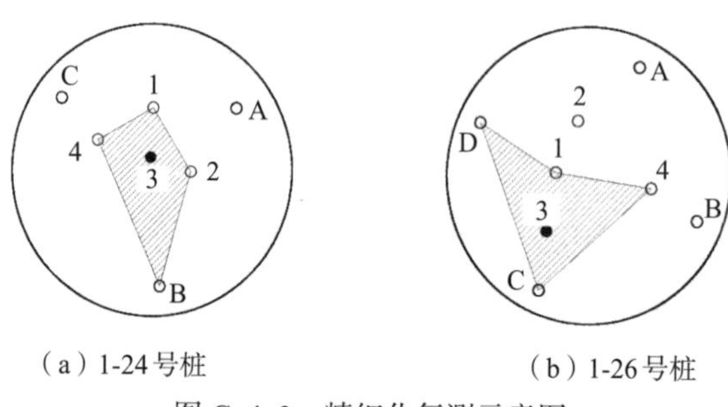

（a）1-24号桩　（b）1-26号桩

图C.4.3　精细化复测示意图

表C.4.3　完整性综合评估结果

桩号	完整性类别		精细化复测结果	综合评估结果
	声波透射法	钻芯法		
1-24号	Ⅰ类	Ⅲ类	缺陷面积占比小于15.3%	基本完整
1-26号	Ⅱ类	Ⅳ类	缺陷面积占比小于13.4%	基本完整
121号	Ⅲ类	Ⅳ类	缺陷面积占比小于6.6%	基本完整
138号	Ⅰ类	Ⅲ类	缺陷面积占比小于3.9%	基本完整

C.4.4 述评

由于检测原理不同，不同的检测方法其结果不一致在所难免，切勿简单地以一种方法否定或取代另一种方法。本案例采用声波透射法精细化复测的方法进一步查明缺陷的分布范围，即：利用钻芯孔和原声测管组成新的声测管体系，重新组织声波透射法检测，锁定缺陷范围，计算出缺陷面积占受检桩全断面面积的比例，由此得出桩的综合评估结果。该方法原理简单，操作方便，结果明了。

C.5 案例五：某预应力混凝土管桩工程

C.5.1 工程概况

项目总占地面积 13.3 万m^2，总建筑面积 51.4 万m^2，地上建筑面积 31.5 万m^2，建筑最大高度 80m，地下建筑面积 19.9 万m^2，地下室为 2 层。桩基础采用 PHC600AB130 预应力混凝土管桩，桩数约为 9200 根。设计单桩竖向抗压承载力特征值为 2800kN，单桩竖向抗拔承载力特征值为 600kN。桩端持力层为全风化花岗岩，当密实砂层较厚，桩难以穿越时，密实粗砂层可作桩端持力层，对有抗拔要求的桩，进入粗砂层厚度不小于 6.0m。有效桩长约 43～70m。

施工选用 16t 液压锤，设计要求总锤击数不宜超过 2400 击，最后 1m 锤击数不宜超过 300 击。打桩的最后三阵每阵贯入度小于等于 30mm，且后阵贯入度小于前阵，液压锤落距不小于 0.5m。桩尖类型为十字形或一体化桩尖。

C.5.2 地质概况

场地土层分布及其主要物理力学性质指标如表 C.5.2 所示。场地施工前经真空预压处理，处理后沉降量平均值为 2.18m。填土层以下土层均处于饱和状态。

表 C.5.2　地基土主要物理力学性质指标

土层序号	土层名称	层厚（m）		含水率 w（%）	天然重度 γ（$kN \cdot m^{-3}$）	孔隙比 e	桩的侧阻力特征值（kPa）
		范围值	平均值				
①$_1$	素填土	0.50～10.50	3.45	30.8	18.5	0.948	13
①$_2$	吹填土	0.90～9.80	4.14	—	19.0	—	30
②$_1$	淤泥	8.80～37.00	19.52	59.9	15.7	1.629	9
②$_2$	粉质黏土	0.40～23.00	4.66	30.1	18.1	0.933	25
②$_3$	淤泥质土	0.60～29.50	10.09	52.7	16.4	1.403	12
②$_4$	粗砂	1.70～37.10	17.32	—	19.35	—	45
③	砂质黏性土	0.60～22.00	4.75	28.5	18.0	0.916	43
④$_1$	全风化花岗岩	0.60～12.70	3.84	21.7	18.7	0.751	80
④$_2$	强风化花岗岩	0.70～7.80	3.57	—	21.0	—	120
④$_3$	中风化花岗岩	2.00～7.80	5.20	—	—	—	—

C.5.3　桩基施工及检测情况

桩基采取分片区施工、分期检测的流水作业方式。第一批完成单桩竖向抗压静载试验共 15 根，不符合设计要求的桩有 3 根，单桩竖向抗拔静载试验共 30 根，不符合设计要求的桩有 6 根，不合格率为 20%，不符合设计要求的桩的施工参数及检测结果见表 C.5.3。

表 C.5.3　不符合设计要求的桩的施工参数及检测结果表

序号	桩号	入土深度（m）	总锤击数（击）	收锤贯入度（mm/10 击）	桩端持力层	单桩极限承载力（kN）		试验方法
						设计要求	实测结果	
1	F-98 号	45.0	1572	22	粗砂层	5900	1770	抗压
2	X-101 号	48.1	2385	11	粗砂层	5900	1180	抗压
3	X-256 号	51.4	2130	3	粗砂层	5900	1180	抗压

续表 C.5.3

序号	桩号	入土深度（m）	总锤击数（击）	收锤贯入度(mm/10击)	桩端持力层	单桩极限承载力（kN）		试验方法
						设计要求	实测结果	
4	X-292号	48.8	961	22	全风化花岗岩	1200	720	抗拔
5	C-55号	60.9	1658	5	强风化花岗岩	1200	720	抗拔
6	C-145号	58.7	2662	17	粗砂层	1200	720	抗拔
7	A1-30号	46.6	2078	8	全风化花岗岩	1200	960	抗拔
8	NQ-1号	45.8	1072	15	强风化花岗岩	1200	360	抗拔
9	NQ-2号	36.7	492	15	强风化花岗岩	1200	360	抗拔

C.5.4 原因分析

部分桩承载力检测结果远低于设计要求，尤其是3根抗压桩的检测结果仅为设计要求的20%～30%，产生这一结果的原因在于本场地填土层以下土层均处于饱和状态，桩基施工存在挤土效应，致使土体隆起，周围已施打的桩第一节或第二节出现上浮现象，检测时只测得上部一节或二节桩的承载力。这可以从下列线索得到证明：

1 根据各桩的配桩情况，并按土层承载力参数估算各桩的承载力结果可知，F-98号桩的实测结果相当于上部二节桩的侧阻力，其余8根桩的实测结果均相当于上部一节桩的侧阻力，说明这些桩在检测前其上部一节或二节桩接头已断裂并出现上浮现象。

2 根据X-256号桩检测过程的沉降特征可以得到证明。X-256号桩在第一级试验荷载1180kN作用下，桩顶本级沉降和累计沉降均稳定在3.72mm，在施加下一级荷载1770kN的过程中，荷载无法维持，且桩顶沉降量急剧增加，累计沉降量达到47.23mm后位移表悬空，本级桩顶沉降量至少为43.51mm，大于前一级荷载作用下沉降量的5倍，且桩顶总沉降量超过40mm，结束试验；该桩7天后进行第二次试验，在第一级试验荷载1180kN作用下，桩顶沉降量稳定在6.06mm，在第二级荷载作用下仍出现陡降，累计沉降量为35.69mm（本级沉降量为29.63mm），但能达到相对稳定标准，试验继续进行，之后每一级桩顶沉降均很小且相对稳定，桩顶累计沉降量为54.67mm，如图C.5.4所示；该桩两次试验的沉降特征清楚地表明其接头处存在脱空现象，脱空间隙约为前后两次试验突变沉降量的总和，即43.51＋29.63＝73.14mm。间隙闭合后承载力恢复正常增长。

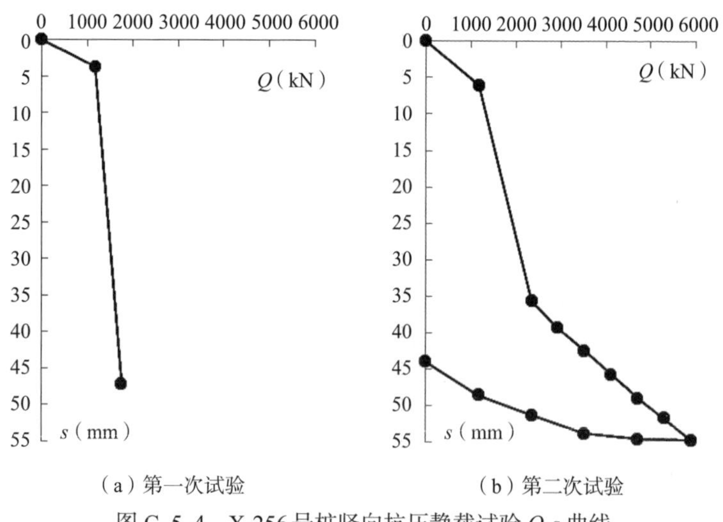

（a）第一次试验　　（b）第二次试验

图C.5.4　X-256号桩竖向抗压静载试验 Q-s 曲线

3　试验结束后，X-292号和A1-30号桩上部一节桩被整节拔出地面（长度分别为9.8m和7.6m），由此可知在第一节桩焊接接头处破坏。接头破坏特征表现为焊缝与端板坡口接触面断裂，表明焊缝与母材没有充分熔合。正是因为接头焊缝与母材存在未充分熔合的现象，尽管焊缝本身基本饱满连续，但在后续桩施工产生的挤土效应作用下，土体隆起致使上部一节桩脱离接口而产生上浮。

C.5.5 述评

毫无疑问，预应力管桩的桩身质量总体好于混凝土灌注桩。但在容易产生挤土效应的场地施工，上部一节桩的上浮将可能导致单桩承载力远远低于设计要求。在这种情况下，验收检测时一旦存在漏检，则将留下重大质量安全隐患，最终可能引发灾难性后果，近年来周边地区已有类似工程因此而导致建筑物变形异常甚至倾斜，对此应保持高度警觉。本案例由于不合格率较高，且静载试验抽检数量较多，存在的问题能够得到及时发现并作相应处理，没有出现因漏检而留下重大质量安全隐患的状况，属不幸中之万幸。

从本案例可以得到下面两个重要启示：一是管桩接头焊缝的质量控制工作不仅应关注焊缝本身是否饱满连续，而更应关注焊缝与母材是否充分熔合；二是对于存在部分基桩承载力极低、离散性较大的桩基工程，验收检测工作不仅应关注精度问题，而更应关注漏检问题。

规范性引用文件

1 《建筑地基基础设计规范》GB 50007

2 《钢结构焊接规范》GB 50661

3 《先张法预应力混凝土管桩》GB/T 13476

4 《建筑桩基技术规范》JGJ 94

5 《建筑基桩检测技术规范》JGJ 106

6 《钢筋机械连接技术规程》JGJ 107

7 《建筑地基基础设计规范》DBJ 15-31

8 《建筑地基基础检测规范》DBJ/T 15-60

9 《静压预制混凝土桩基础技术规程》DBJ/T 15-94

10 《锤击式预应力混凝土管桩工程技术规程》DBJ/T 15-22

11 《旋挖成孔灌注桩施工技术规程》DBJ/T 15-236

12 《工程泥浆技术标准》DBJ/T 13-417

13 《珠海市软土分布区工程建设指引》珠规建质〔2010〕70号